Ludwig Tetmajer

Methoden und Resultate der Prüfung der Festigkeitsverhältnisse

des Eisens und anderer Metalle

Ludwig Tetmajer

Methoden und Resultate der Prüfung der Festigkeitsverhältnisse
des Eisens und anderer Metalle

ISBN/EAN: 9783743613362

Hergestellt in Europa, USA, Kanada, Australien, Japan

Cover: Foto ©berggeist007 / pixelio.de

Manufactured and distributed by brebook publishing software
(www.brebook.com)

Ludwig Tetmajer

Methoden und Resultate der Prüfung der Festigkeitsverhältnisse

Mittheilungen

der Anstalt zur Prüfung von Baumaterialien

am eidgen. Polytechnikum in Zürich.

4. Heft:

Methoden & Resultate

der Prüfung der

Festigkeitsverhältnisse des Eisens und anderer Metalle.

Zusammengestellt von

L. Tetmajer

Ingenieur, Professor am eidgen. Polytechnikum, Vorsteher der Anstalt
zur Prüfung von Baumaterialien, etc.

Selbst-Verlag der Eidg. Festigkeits-Anstalt.

ZÜRICH
Druck von F. Lohbauer, Rämistrasse 12.
1890.

Vorwort.

Die Herausgabe des vorliegenden Heftes der offiziellen Mittheilungen des schweiz. Festigkeits-Institutes veranlasste in erster Linie die Anhäufung, dann die Nothwendigkeit einer übersichtlichen Zusammenstellung der unterschiedlichen, grösstentheils auf speziellen Antrag von Interessenten, im Gebiet der Prüfung der Elasticitäts- und Festigkeitsverhältnisse der Metalle ausgeführten Arbeiten.

Bei Durchsicht des Inhaltes der einzelnen Abschnitte des vorliegenden Heftes wird man bemerken, dass es unser Bestreben war, überall, wo sich zur Erledigung grösserer, programmmässiger Arbeiten Gelegenheit bot, die den speziellen Interessensphären angepassten Anträge zu erweitern und zu ergänzen, um auf diese Weise das nöthige Material zur Erörterung wissenschaftlicher Fragen, insbesondere zur experimentellen Herleitung von Coefficienten für das Constructionsfach in Eisen zu gewinnen. Sollte gefunden werden, dass auf dem betretenen Wege es gelungen sei, in der einen oder andern Hinsicht Beiträge zur Kenntniss der mechanischen Eigenschaften der wichtigsten unserer modernen Baustoffe zu geben, so ist dies der Hauptsache nach der Einsicht, dem fördernden Entgegenkommen der uns vorgesetzten Behörden, nicht minder dem Opfersinn einzelner Industrieller zu danken, die in richtiger Würdigung unserer Bestrebungen nicht unterlassen haben, uns thatkräftig zu unterstützen.

Die Gruppirung des Stoffes unserer Mittheilungen ist nicht vorwurfsfrei; allein sie war durch den Umstand bedingt, dass der Satz einzelner Abhandlungen und Berichte ohne wesentliche Aenderungen zu vorliegender Publikation benutzt werden musste.

Wiederholungen, insbesondere in der Beschreibung der gebrauchten Apparate und Messverfahren waren nicht zu umgehen; anderseits waren wir der Uebersichtlichkeit willen genöthigt, Resultate gleichartiger Versuche ohne Rücksicht auf deren Provenienz zusammenzulegen und gemeinsam zu behandeln. Einschiebungen dieser Art, die, wie gesagt, ohne Weitläufigkeiten in der Behandlung des Stoffes nicht umgangen werden konnten, haben wir gesucht durch Anführung der Herkunft des Materials zu trennen, zu bezeichnen, also kenntlich zu machen.

Seit der Veröffentlichung des dritten Heftes unserer offiziellen Mittheilungen (1886) hat sich im Prüfungsverfahren der Metalle auf ihre mechanischen Eigenschaften manches verändert, und haben insbesondere die Conferenzen zur Vereinbarung einheitlicher Prüfungsmethoden von Bau- und Constructionsmaterialien zur Abklärung der Sachlage und Erweiterung unserer einschlägigen Kenntnisse ganz wesentlich beigetragen.

Bezüglich der Methoden der Qualitätsbestimmungen des schmiedbaren Eisens durch Zerreissversuche sind Neuerungen von Belang nicht zu verzeichnen. Der Kampf um Contraction und Dehnung ist zu Gunsten der letztern ausgefallen; immerhin mit der Einschränkung, dass bei Prüfung von Stahlschienen auch diese durch den Pfeil der Durchbiegung zu ersetzen sei, welchen entsprechend organisirte Schlagproben mit ganzen, tadellosen Gebrauchsstücken ergeben. Berücksichtigt man, dass durch die Schlagprobe einmal die Brüchigkeits- also Zähigkeits- und Zuverlässigkeitsverhältnisse des Schienenmaterials festgestellt werden können, anderseits durch Normirung der Schlagarbeit, welche eine bestimmte Durchbiegung ergeben soll, sich auch diejenigen Härteverhältnisse der Schienen zahlenmässig ausdrücken lassen, welche die Bahnverwaltungen vom Standpunkte der Oekonomie gegen vorzeitigen Verschleiss durch mechanische Abnützung zu fordern berechtigt sind, — unsere diesbezügl. Vorschläge, vergl. S. 234 des dritten Heftes der offiz. Mittheilungen der eidg. Festigkeitsanstalt — so ist nicht recht einzusehen, weshalb die Zerreissprobe bei Stahlschienen überhaupt noch beibehalten wurde. Dies ist um so auffälliger, als von vorneherein anzunehmen war, dass diejenigen Umstände, die den Ausfall der Dehnung und Contraction des Schienenmaterials nachtheilig beeinflussen, nothwendiger Weise auch die Grösse der Zugfestigkeit schädlich beeinflussen, somit unzuverlässige Schlüsse ergeben können. Dabei ist zu bemerken, dass es sich bei den Stahlschienen-Zerreissproben, entgegen den Interessen der Bahngesellschaften und den Beschlussfassungen der Münchner-Conferenz zur Vereinbarung einheitlicher Prüfungsmethoden, stets um die Prüfung des Materials der Schienenkopfmitte handelt, welches Verfahren bekanntlich bei Manganstahl und dem jetzt meist noch üblichen Grad der Querschnitts-Abminderung der Gussblöcke beim Verwalzen auf Schienen für Hauptbahnen, Resultate liefern kann, die im Widerspruche zum Verhalten der ganzen Gebrauchsstücke stehen.*)

Des Verfassers Methode der Qualitätsbestimmung der Metalle durch Zerreissversuche hatte sich auch in den letzten Jahren mehrfach die Beachtung von Fachgenossen und Interessenten zu erfreuen gehabt. Die zahlreichen Kundgebungen sind theils zustimmend, theils ablehnend. Es kann nicht in unserer Absicht liegen, uns hier mit diesen zu beschäftigen; wenn uns aber, wie dies in Stahl und Eisen geschah**), Qualitätsansätze zugeschrieben werden, von welchen wir selbst keine Kenntniss hatten, so erwächst uns im Interesse der Sache die Pflicht, gegen solche auf mangelhafter Kenntniss der thatsächlichen Verhältnisse fussenden Aeusserungen Stellung zu nehmen. (Nach Hrn. B. hätten wir für Stahlschienen neben min. Zugfestigkeit, min. Dehnung noch einen min. Qualitätscoefficienten angesetzt, was dem Sinne und Geiste unserer Methode der Qualitätsbestimmung gänzlich widerspricht).

Der Kritiker des dritten Heftes unserer Mittheilungen in Stahl und Eisen findet es komplizirt, neben dem min. Qualitätscoefficienten auch noch Grenzen für die Festigkeitswerthe beizufügen. Dass man in Flusseisen ohne letztere überhaupt

---

*) Vergl. Seite 42 und 220 u. f. des dritten Heftes der offiz. Mittheilungen der eidgen. Festigkeits-Anstalt.

**) Vergl. Stahl und Eisen, Jahrgang 1887, Seite 77.

nicht mehr durchkommt, ist heute zu allgemein anerkannt, als dass es nöthig wäre, darüber ein Wort zu verlieren. Naturwidrig ist's dagegen, wenn man die dem Schweisseisen angepassten Vorschriften ihrem Wesen nach unverändert auch auf das Flusseisen überträgt und z. B. unter sonst gleichen Verhältnissen für weiches und mittelhartes Flusseisen die gleiche Minimaldehnung fordert, denn unbestritten ist die Erfahrung, dass mit wachsender Festigkeit die Dehnung des Metalls abnimmt, was durch unsern Qualitätscoefficienten sachgemäss zum Ausdrucke gelangt.

Vom Standpunkte der Arbeitscapacität des Materials erscheinen auch die im Jahre 1887 vom österr. Handelsministerium erlassenen Qualitätsvorschriften für das Brückeneisen von zweifelhaftem Werthe. In § 4, lit. 5 der bezüglichen Verordnung heisst es:

„Das Schweisseisen muss 3600 kg Bruchfestigkeit und darüber mindestens 12 % Dehnung in der Walzrichtung haben.

„Bei einer geringern Bruchfestigkeit muss eine verhältnissmässig grössere Dehnung, welche bei der noch gestatteten niedrigsten Bruchfestigkeit von 3300 kg mindestens 20 % zu betragen hat, vorhanden sein.

3600 kg und 12 % Dehnung geben nach unserer Bezeichnung einen, der Arbeitscapacität des Materials angenähert proportionalen Coefficienten von

$$c = 3{,}6 \cdot 0{,}12 = 0{,}43 \text{ in } cm \ t;$$

3300 kg und 20 % Dehnung liefern dagegen:

$$c = 3{,}3 \cdot 0{,}20 = 0{,}66 \text{ in } cm \ t, \text{ d. h.}$$

um ca. 54 % mehr. Es ist nun gar nicht einzusehen, wesshalb das Brückeneisen mit abnehmender Zugfestigkeit einen wachsenden Güthewerth, einen wachsenden Grad spezifisch. Leistungsfähigkeit aufweisen solle. Entweder ist der massgebende Ansatz von 0,43 vom Standpunkte der öffentlichen Sicherheit ein ausreichender und hat sodann die Erhöhung desselben für etwas schwächeres

Schweisseisen keine Berechtigung, oder der Ansatz ist zu niedrig gegriffen und wäre somit in allen Fällen angemessen zu erhöhen.

Unsere Erfahrungen bestätigen, dass für Zwecke des Brückenbaues das Schweisseisen in der Längsrichtung durch:

min. Zugfestigkeit $\beta = 3{,}4$ t pro cm^2,

min. Qualitätscoeff. $c = 0{,}45$ cm t,

ausreichend qualifizirt sei und dass somit das Eisen mit

$\beta = 3{,}4$ t pro cm^2 u. ein. Bruchdehn. v. : $0{,}45 : 3{,}4 - 0{,}132$ d. h. v. $13{,}2$ °/₀ u. darüb.

„ — $3{,}6$ „ „ „ „ „ : $0{,}45 : 3{,}6 - 0{,}125$ „ „ „ $12{,}5$ „ „ „

„ $3{,}8$ „ „ „ „ „ : $0{,}45 : 3{,}8 - 0{,}119$ „ „ „ $11{,}9$ „ „ „

„ $4{,}0$ „ „ „ „ „ : $0{,}45 : 4{,}0 - 0{,}113$ „ „ „ $11{,}3$ „ „ „

als für den Brückenbau verwendbar zu bezeichnen ist, sofern nicht andere Fehler vorliegen.

Für Flusseisen empfehlen wir:

eine Zugfestigkeit $\beta = 3{,}60$ bis $4{,}50$ t pro cm^2,

min. Qualitätscoeff. $c = 0{,}90$ cm t.

Das Material erreicht somit den vorgeschriebenen Gütewerth, wenn dasselbe bei

β $3{,}6$ t pro cm^2 u. ein. Bruchdehn. v. : $0{,}90 : 3{,}6$ $0{,}250$ d. h. v. $25{,}0$ °/₀ u. darüb.

„ $3{,}8$ „ „ „ „ „ : $0{,}90 : 3{,}8$ $0{,}237$ „ „ „ $23{,}7$ „ „ „

„ $4{,}0$ „ „ „ „ „ : $0{,}90 : 4{,}0$ $0{,}225$ „ „ „ $22{,}5$ „ „ „

„ — $4{,}5$ „ „ „ „ „ : $0{,}90 : 4{,}5$ $0{,}200$ „ „ „ $20{,}0$ „ „ „

besitzt u. s. w.

Mit Befriedigung haben wir zur Kenntniss genommen, dass der Verein deutscher Eisenhüttenleute in seinen kürzlich veröffentlichten Qualitätsvorschriften (1889) die im Jahre 1881 aufgestellte Eintheilung der Fabrikate in

I. Homogenes Material,

II. Geschweisstes Material,

fallen gelassen und sich an unsere, nach den Anwendungsgebieten des Eisens geordnete Klassifikation vom Jahre 1883 angelehnt hat. Damit ist allerdings zunächst blos in Hinsicht auf die Vereinheitlichung der Eintheilung und Bezeichnung des Eisens ein Schritt nach vorwärts geschehen, den wir als Fortschritt anzusehen um so mehr berechtigt sind, als bekanntlich der grösste Fehler des „Homogeneisens" seine Unhomogenität gewesen, die zuverlässig vollkommen zu beseitigen noch nicht gelungen ist.

Mit Schluss des Betriebsjahres 1889 hat die Anstalt zur Prüfung von Bau- und Constructionsmaterialien am schweizer. Polytechnikum das erste Decennium ihres Bestandes erreicht und, obschon sie weder in Hinsicht auf ihre Dislokation noch auf ihre Einrichtungen als plannässig angelegtes und ausgerüstetes Institut angesehen werden kann, und erst seit dem Jahre 1882 über zwei fest angestellte Arbeiter, seit 1886 über einen ständigen Assistenten verfügt, hat dieselbe wie nachstehende Zusammenstellung der bis anhin ausgeführten Festigkeitsversuche zeigt, reichliche Beachtung und manche Anerkennung gefunden.

Tabellarische Zusammenstellung
der vom Jahre 1880 bis einschliesslich 1889 ausgeführten Festigkeitsproben.

Jahr	Bausteine	Bindemittel	Bauholz	Metalle	Seile, Treibriemen etc.	Verschiedenes	Total
1880	13	324	—	188	—	—	525
1881	132	357	—	322	8	—	819
1882	2	5 697	—	391	34	—	6 124
1883	1612	3 718	666	354	32	44	6 426
1884	117	7 429	24	371	18	—	7 959
1885	460	5 849	25	915	81	40	7 370
1886	86	10 783	—	716	29	49	11 663
1887	247	5 332	23	1293	11	58	6 964
1888	212	11 981	86	1024	17	202	13 522
1889	294	11 793	12	1264	14	211	13 588
Total	3175	63 263	836	6838	244	604	74 960

Die schönste Anerkennung ihrer Bestrebungen erblickt das eidgen. Festigkeits-Institut in der Opferfreudigkeit, mit der die schweiz. Nationalversammlung im verflossenen Jahre die Mittel zum Bau und zur zweckdienlichen Einrichtung eines eigenen Heims bewilligte; hoffen wir, es werde der.Anstalt gelingen, den Anforderungen, die das Baugewerbe und die einschlägigen Industrien, nicht minder die oberste technische Bildungsanstalt des Landes an sie zu stellen berechtigt-sind, nach wie vor zu entsprechen.

Schliesslich erwächst uns die angenehme Pflicht, der Pflichttreue, der seltenen Ausdauer und Umsicht zu gedenken, die der erste ständige Assistent, Herr Architect P. Kubo, während seiner 4-jährigen Thätigkeit in unserer Anstalt an den Tag gelegt hat. Seinem unermüdlichen Fleisse ist es zu danken, dass die laufenden Arbeiten, den obwaltenden Umständen angemessen, prompt abgewickelt wurden.

Die typographischen Arbeiten des vorliegenden Heftes besorgte die Officin des Hrn. F. Lohbauer in Zürich; sie war durchwegs bestrebt, Vorzügliches zu leisten und kann daher zu ähnlichen Arbeiten Jedermann bestens empfohlen werden.

Zürich, im Mai 1890.

Prof. L. Tetmajer.

1. Untersuchung der Qualität

und der

Festigkeitseigenschaften der Erzeugnisse

der

Eisenwerke der Herren de Wendel & Comp.

Im Herbste 1885 beantragten die

HH. Petits-Fils de F^{ois} de Wendel & Comp. in Hayange

in der Anstalt zur Prüfung von Baumaterialien am schweizer.
Polytechnikum zu Zürich die Untersuchung der Qualität und
der Festigkeitsverhältnisse der Erzeugnisse ihrer Werke und
luden den Berichterstatter zu einer Conferenz, um die grund-
sätzlichen Bestimmungen des aufzustellenden Programms der
Arbeit zu vereinbaren. Im Oktober des gleichen Jahres hat
denn auch die fragliche Conferenz stattgefunden, auf welcher
der Berichterstatter jene Gesichtspunkte entwickelte, welche
sowohl im engeren Interesse des Werkes als auch im Interesse
der wissenschaftlichen Forschung zu liegen schienen und die
der ganzen Arbeit von vorneherein den Charakter allgemeiner
Nützlichkeit zu sichern versprachen. Es darf nicht verschwiegen
werden, dass die IIII. Chefs der Werke de Wendel & Comp.
den Intensionen des Berichterstatters in jeder Hinsicht zugestimmt
haben und, wie vorliegender Bericht bekundet, weder Mühe noch
Kosten scheuten, um die geplante Untersuchung in ihrem ganzen
Umfange zu ermöglichen.

Im Monate November des gl. Jahres erhielt das nun vom
Berichterstatter ausgearbeitete Programm der Untersuchung die
Genehmigung der IIII. Chefs des Hauses de Wendel & Comp.,
welches hierauf im Frühjahre 1886 mit der Lieferung des
Versuchsmaterials begann. Die ganze Arbeit in kürzester Zeit

zu erledigen, lag nicht im Interesse des Werkes und wäre auch
angesichts der bescheidenen Einrichtungen des eidgen. Festigkeits-
institutes, welches die laufenden Agenden nicht vernachlässigen
durfte, undurchführbar gewesen. Wir haben daher das Material
auf mehrere Jahre angemessen d. h. derart vertheilt, dass jährlich
abgeschlossene Partien der Arbeit abgewickelt werden konnten,
deren Zusammenstellung und Bekanntgabe an Interessenten die
vorliegende Publikation bezweckt.

Zur Orientirung sei gestattet, einige Bestimmungen des
Programms der Untersuchung der Qualitäts- und Festigkeitsverhältnisse hier anzuführen.

§ 1.

„Zur Prüfung der Elasticitäts- und Festigkeitsverhältnisse
gelangen zunächst folgende Constructionsmaterialien.

a) Rundeisen,   c) Universaleisen,

b) Stabeisen,   d) Formeisen,

e) Bleche.“

§ 2.

„Zur Feststellung der Zulässigkeit der Uebertragung der
aus den Qualitäts- und Festigkeitsproben mit einfachen Walz-
eisen hervorgegangenen Ergebnisse auf zusammengesetzte Con-
structionen werden die Versuche auf genietete Stäbe und Blechbalken ausgedehnt.“

§ 3.

„Die Werke der HH. Petits-Fils de Fois de Wendel & Comp.
liefern das genannte Versuchsmaterial in Schweiss- und Flusseisen. Es wird angenommen, dass zur Erzeugung des Versuchsmaterials durchwegs die gleichen und zwar diejenigen Eisengattungen
Anwendung finden, welche die Werke als „Constructionsqualität“
gewöhnlich in den Handel bringen. Insbesondere hat die Direction
der Werke dafür zu sorgen, dass zur Herstellung des Versuchsmaterials in Flusseisen Ingots zweier Chargen benützt werden,
welche in chemisch-physikalischer Beziehung möglichst weitgehend
übereinstimmen.“

etc.

Bis auf die Biege- und Schlagproben mit den genieteten Trägern, zu welchen sich die Einrichtungen der eidgen. Festigkeitsanstalt unzulänglich erwiesen, sind sämmtliche nachstehend angeführten Versuchsresultate in dieser gewonnen worden. Zur Vornahme der statischen Biegeversuche mit den Blechbalken blieb keine andere Wahl, als eine der vorhandenen, grossen Kirkaldy-Maschinen zu benützen, deren eine bekanntlich in Kirkaldy's Laboratorium zu London, deren andere sich im Besitze des „Laboratoire d'essais" der belgischen Staatsbahnen zu Malines befindet. Der Berichterstatter hatte sich zunächst mit dem Vorsteher des angezogenen „Laboratoire", mit Hrn. Ingenieur E. Roussel in's Benehmen gesetzt, welcher ihm mit schätzbarer Bereitwilligkeit seine Unterstützung zusicherte und schliesslich die Durchführung dieser rein wissenschaftlichen Versuche zu Malines auch ermöglichte. Es ist uns angenehme Pflicht, an dieser Stelle für die thatkräftige und umsichtige Förderung unseres Anliegens Hrn. Ingenieur E. Roussel, sowie für die coulante Ueberlassung der Einrichtungen des „Laboratoire d'essais", anlässlich der Ausführung der besagten Versuche, dem Administrator der belgischen Staatsbahnen, Hrn. Belpair, den wärmsten Dank auszusprechen. Gemeinsam mit Hrn. Ingenieur Roussel hat der Berichterstatter im Monate Oktober 1889 die am Schlusse dieser Arbeit näher beschriebenen Versuche ausgeführt und damit die vorliegenden Untersuchungen abgeschlossen.

Fabrikationsverhältnisse.

Es war ursprünglich unsere Absicht, zur näheren Orientirung eine kurze Uebersicht über die Fabrikationsmethoden zu geben, welche auf den ausgedehnten Werken der HH. de Wendel & Comp. eingebürgert sind. Wie wohl manchem Interessenten eine Beschreibung der Fabrikationsmethoden der Eisensorten, die wir zu prüfen Gelegenheit hatten, erwünscht gewesen wäre und diese Beschreibung unsere Arbeit ohne Zweifel recht nützlich ergänzt haben würde, haben wir dennoch beschlossen, von unserem Vorhaben Abstand zu nehmen. Der Grund unserer diesbezüglichen

Entschliessungen liegt lediglich in der Erfahrung, dass derartigen Darlegungen häufig eine Deutung unterschoben wird, die sich mit der Sache, für die wir arbeiten, nicht verträgt. Wir beschränken uns daher auf die Mittheilung, dass das „Schweisseisen" unseres Versuchsmaterials „Puddeleisen", das Flusseisen „basisches Convertereisen" gewesen ist und dass diese Eisensorten folgende chemische Durchschnittszusammensetzung besassen : *)

	C	Si	P	S	Mn
Schweisseisen	0,05-0,06,	0,05-0,15,	0,30-0,50,	0,02-0,04 %,	Spuren.
Flusseisen	0,08-0,12,	Spuren,	0,03-0,06,	0,02-0,04,	0,40-0,70 %.

Der hohe P-Gehalt des Schweisseisens rührt offenbar aus der eingeschlossenen Schlacke her, denn unsere zahlreichen Kaltbiegeproben haben einen eigentlichen Kaltbruch des Eisens nirgends erkennen lassen.

Das Versuchsmaterial.

In folgenden Zusammenstellungen geben wir eine Uebersicht über die Menge, Form und Art der Verwendung des unterschiedlichen Versuchsmaterials.

a. Rundeisen in 9 Nummern,

nämlich :   Nr. 1, 2, 3, 4, 5, 6, 7, 8, 9
urspr. Durchm.: $^{cm}/_{m}$ 1,0, 1,5, 2,0, 2,5, 3,0, 3,5, 4,0, 4,5, 5,0.
Eingeliefert wurden von jeder Nummer :

	in Flusseisen:	in Schweisseisen:
an normalen Zerreissproben	2 Stück,	2 Stück.
an 1,5 m langen Abschnitten	2 „	2 „

Zusammen : 72 Stück.

Das Material wurde verwendet:

zu Zerreissproben	mit	35 Einzelversuchen,
„ Kaltbruchproben	„	18 „
„ Rothbruchproben	„	18 „
Transport	mit	71 Einzelversuchen,

*) Laut Angaben des Werkes.

	Transport	mit	71	Einzelversuchen.
zu	Stauchproben	„	18	„
„	Kaltschmiedeproben	„	16	„
„	Warmschmiedeproben	„	18	„
„	Druckproben	„	11	„
„	Knickungsproben	„	40	„

somit total : 174 Einzelversuchen.

b. Stabeisen in 9 Nummern,

nämlich: Nr. 1 2 3 4 5 6 7 8 9

urspr. Querabmessung.: cm. $2_{,0}:1_{,0}$, $4_{,0}:1_{,0}$ $4_{,0}:2_{,0}$, $6_{,0}:1_{,0}$, $6_{,0}:2_{,0}$, $6_{,0}:3_{,0}$, $8_{,0}:2_{,0}$, $8_{,0}:3_{,0}$, $10_{,0}:3_{,0}$

Eingeliefert wurden von jeder Nummer:

	In Flusseisen:	In Schweisseisen:
an normalen Zerreissproben	2 Stück,	2 Stück.
an 1,5 m langen Abschnitten	2 „	2 „

Zusammen: 72 Stück.

Das Material wurde verwendet:

zu	Zerreissproben	mit	36	Einzelversuchen,
„	Kaltbruchproben	„	14	„
„	Rothbruchproben	„	14	„
„	Kaltschmiedeproben	„	12	„
„	Warmschmiedeproben	„	12	„
„	Warmausbreiteproben	„	12	„
zur	Prüfung der Schweissbarkeit	„	18	„
„	„ „ Härtbarkeit	„	28	„
„	„ „ Biegsamkeit	„	6	„
zu	Schlagproben	„	20	„

somit total : 172 Einzelversuchen.

c. Universaleisen in 4 Sorten,

nämlich : Nr. 1 2 3 4

urspr. Querabmessungen : $\%_m$ $22_{,0}:0_{,9}$, $40_{,0}:1_{,0}$, $50_{,0}:1_{,1}$, $60_{,0}:1_{,2}$.

Eingeliefert wurden von jeder Universaleisensorte:

	In Flusseisen:	In Schweisseisen:
an normalen Zerreissproben	2 Stück,	2 Stück,
„ Biegeproben	4 „	4 „
„ 50 $\%_m$ langen Abschnitten	2 „	2 „

Zusammen : 64 Stück.

Das Material wurde verwendet:

zu	Zerreissproben	mit	16	Einzelproben,
„	Kaltbruchproben	„	16	„
„	Rothbruchproben	„	16	„
„	Lochungsproben	„	44	„
	somit total:		92	Einzelproben.

d. Formeisen.

Die Prüfung der Formeisen der IIH. de Wendel & Comp. erfolgte mit spezieller Rücksicht auf die Anforderungen und Bedürfnisse der Praxis, nämlich:

auf Zugfestigkeit und Qualitätsverhältnisse,
    „   Druck- bezw. Knickungsfestigkeit,
    „   Biegungfestigkeit.

Neben der Feststellung der Zugfestigkeit und der Qualitätsverhältnisse der Formeisen, die ein an sich abgeschlossenes Ganze bildet, sind sämmtlichen Formeisen, die zur Prüfung auf Druck oder Biegung gelangten und deren Qualität nicht schon bekannt war, nachträglich Zerreissproben entnommen und den üblichen Qualitätsproben unterworfen worden.

I. Winkeleisen.

1. Zur Prüfung auf Zugfestigkeits- und Zähigkeitsverhältnisse gelangten:
(vergleiche Poflalbum vom Jahre 1879)

Winkeleisen	Nr.	12	16	18	20
Angebliche Abmessungen:	cm.	7,0:7,0—7,0:7,0,	9,0:9,0—9,0:9,0,	10,5:10,5—10,5:10,5,	13:13—13:13
Gewicht pro l. m.:	kg.	8,11, 13,71, 12,5	19,52, 17,41	27,41, 30,52, 40,52	

Von jeder dieser Winkelsorten sind eingeliefert worden:

	Flusseisen:	Schweisseisen:	Zusammen:
an norm. Zerreissprob.	2 Stück,	2 Stück,	32 Einzelversuche,
„ „ Kaltbiegeprob.	2 „	2 „	32 „
„ „ Warmbiegepr.	2 „	2 „	32 „

somit total: 96 Einzelversuche.

2. Zur Prüfung der Druck- bezw. Knickungsfestigkeit gelangten:

Einfaches Winkeleisen: deutsch. N.-Profil Nr. 10ᵃ mit 14,8 kg pro $l\,m$.

Geliefert wurden zusammen 24 Abschnitte und zwar je 2 Stück in Fluss- und Schweisseisen und in Längen von:

m 1,0, 1,5, 2,0, 3,0, 4,0 und 5,0.

Doppel-Winkel $\_|\!|\_$; deutsch. N.-Profil Nr. 8ᵃ mit 9,5 kg pr. $l\,m$.

Geliefert wurden zusammen 22 Abschnitte und zwar je 2 Stück in Fluss- und Schweisseisen und in Längen von:

m 1,0, 1,5, 2,0, 3,0, 4,0 und 5,0.

Kreuzprofil aus 4 Winkeln $\tfrac{\_|\!|\_}{\ulcorner|\urcorner}$; deutsch. N.-Profil Nr. 6ᵃ mit à 5,3 kg pro $l\,m$.

Geliefert wurden zusammen 24 Abschnitte und zwar je 2 Stück in Fluss- und Schweisseisen und in Längen von:

m 1,0, 1,5, 2,0, 3,0, 4,0 und 5,0.

Total: 70 Einzelversuche.

3. Zur Prüfung der Widerstandsfähigkeit gegen excentrischen Druck:

Einfaches Winkeleisen mit 12,0 kg pro $l\,m$.
Nr. 14ᵃ Profilalbum vom Jahre 1879.

Geliefert wurden zusammen 20 Abschnitte und zwar je 2 Stück in Fluss- und Schweisseisen und in Längen von:

m 1,00, 2,18, 3,18, 4,18 und 5,18.

Ausgeführt wurden:

an Druckproben   20 Einzelversuche,
„ Qualitäts-Controlproben   4   „
somit total: 24 Einzelversuche.

Doppel-Winkeleisen $\_|\!|\_$ mit 24,0 kg pro $l\,m$;
Nr. 13ᵃ Profilalbum vom Jahre 1879.

Geliefert wurden zusammen 20 Abschnitte und zwar je 2 Stück in Fluss- und Schweisseisen und in Längen von:

m 1,20, 2,20, 3,20, 4,20 und 5,20,
somit total: 20 Einzelversuche.

II. $\top$-Eisen.

1. Zur Prüfung auf Zugfestigkeit und Zähigkeitsverhältnisse gelangten:

(vergleiche Profilalbum vom Jahre 1879)

	Nr.	36	37	38*)
Angebliche Abmessungen:	cm	$9{,}15:8{,}5$,	$10{,}0:10{,}0$	$15{,}0:10{,}0$
Gewicht pro l. m.:	kg	$11{,}15$,	$15{,}75$,	$23{,}27$.

Von jeder dieser $\top$-Eisensorten wurden eingeliefert:

	Flusseisen:*)	Schweisseisen:	Zusammen:
an norm. Zerreissproben	2 Stück,	2 Stück,	10 Einzelversuche,
„ „ Kaltbiegeprob.	2 „	2 „	10 „
„ „ Warmbiegepr.	2 „	2 „	10 „

somit total: 30 Einzelversuche.

2. Zur Prüfung der Druck- bezw. Knickungsfestigkeit gelangten:

Das breitfüssige $\top$-Eisen Nr. 12:6; deutsch. N.-Profil Nr. 12:6 mit $13{,}3$ kg pro $l\,m$.

Geliefert wurden zusammen 24 Abschnitte und zwar je 2 Stück in Fluss- und Schweisseisen und in Längen von:

$$m \ 1{,}0, \ 1{,}5, \ 2{,}0, \ 3{,}0, \ 4{,}0 \text{ und } 5{,}0.$$

Kreuzprofil aus 2 breitf. $\top$-Eisen Nr. 9:4½; deutsches N.-Profil Nr. 9:4½ mit $7{,}9$ kg pro $l\,m$.

Geliefert wurden zusammen 24 Abschnitte und zwar je 2 Stück in Fluss- und Schweisseisen und in Längen von:

$$m \ 0{,}60, \ 0{,}90, \ 1{,}20, \ 1{,}80, \ 2{,}40 \text{ und } 3{,}00.$$

Total: 48 Einzelversuche.

3. Zur Prüfung der Widerstandsfähigkeit gegen excentrischen Druck:

Einfaches, hochstegiges $\top$-Eisen mit $15{,}75$ kg pro $l\,m$; Nr. 37, Profilalbum vom Jahre 1879.

Geliefert wurden zusammen 20 Abschnitte und zwar je 2 Stück in Fluss- und Schweisseisen und in Längen von:

$$m \ 1{,}20, \ 2{,}18, \ 3{,}18, \ 4{,}18 \text{ und } 5{,}18.$$

Total: 20 Einzelversuche.

---

*) Profil Nr. 38 war derzeit in Flusseisen nicht erhältlich.

III. U-Eisen.

1. Zur Prüfung auf Zugfestigkeits- und Zähigkeitsverhältnisse gelangten:
(vergleiche Profilalbum vom Jahre 1879)

Nr.	9ª	9b	12ª	12b	13ª	18b
Angebl. Abmess.: cm.	10,s:6,s,	10,s:6,7,	17,6:7,2,	17,6:7,4,	21,s;8,7,	21,s:8,9.
Gewicht pro l. m.: kg.	14,1	15,7	24,25	27,6	42,s	45,s.

Vorstehende Profile wurden derzeit nur in Schweisseisen gewalzt, somit konnten blos eingeliefert werden:

in Schweisseisen:

an normalen	Zerreissproben	12 Stück,	
" "	Kaltbiegeproben	12	"
" "	Warmbiegeproben	12	"
	somit total:	36 Stück.	

2. Zur Prüfung der Druck- bezw. Knickungsfestigkeit gelangten:

das deutsche N.-Profil Nr. 14 mit 15,9 kg pro $l\,m$.
Geliefert wurden zusammen 24 Abschnitte und zwar je 2 Stück in Fluss- und Schweisseisen und in Längen von:

m 0,80, 1,20, 1,60, 2,40, 3,20 und 4,00;

das Doppel-U-Eisen (][); deutsches N.-Profil
Nr. 8 mit 8,6 kg. p. $l\,m$.
Geliefert wurden zusammen 24 Abschnitte und zwar je 2 Stück in Fluss- und Schweisseisen und in Längen von:

m 0,80, 1,20, 1,60, 2,40, 3,20 und 4,00;

somit total: 48 Einzelversuche.

IV. Doppelt T-Eisen.

1. Zur Prüfung der Druck- bezw. Knickungsfestigkeit gelangten:

das deutsche N.-Profil Nr. 18 mit 21,9 kg pro $l\,m$.
Geliefert wurden zusammen 24 Abschnitte und zwar je 2 Stück in Fluss- und Schweisseisen und in Längen von:

m 0,50, 0,75, 1,00, 1,50, 2,00 und 2,50,

somit total: 24 Einzelproben.

2. Zur Prüfung der Qualität und der statischen und dynamischen Biegungsfestigkeit gelangten:

das deutsche Normalprofil in Schweisseisen:

Nr.	10	15	20	24	30	34	40
angebliche Abmessungen: cm.	$10_{,4}:5_{,0}$,	$15_{,0}:7_{,0}$,	$20_{,0}:9_{,0}$,	$24_{,0}:10_{,4}$,	$30_{,0}:12_{,5}$,	$34_{,0}:13_{,5}$,	$40_{,0}:15_{,5}$
Gewicht pro 1. m. : kg.	$8_{,5}$,	$16_{,0}$,	$26_{,3}$,	$36_{,5}$,	$54_{,5}$,	$68_{,0}$,	$92_{,5}$.

Von jeder dieser Trägersorte sind je 4 Abschnitte in Längen von $1_{,20}$ bis $3_{,50}$ m eingeliefert worden. Das Material wurde verwendet:

zu Biegeproben   mit 14 Einzelversuchen,
„ Schlagproben   „ 14   „
„ Qualitäts-Zerreissproben „ 14   „
            somit zusammen: 42 Einzelversuchen.

Y. Zorès-Eisen.

Zur Prüfung der Qualität und Festigkeitsverhältnisse gelangten:
(vergleiche Profilalbum vom Jahre 1888)

Nr.:	126,	11,	90,	9,	60,	5.
Ang. Abmess.:	$30_{,5}:12_{,6}$,	$24_{,0}:11_{,0}$,	$22_{,5}:9_{,0}$,	$20_{,0}:9_{,0}$,	$17_{,0}:6_{,0}$,	$12_{,0}:5_{,0}$ cm.
Gew. pro l. m.:	31	$18_{,6}$	$15_{,5}$	$13_{,8}$	$8_{,5}$	$5_{,3}$.

Von jeder der angeführten Zorès-Eisensorten sind in Fluss- und Schweisseisen je 4 Abschnitte in Längen von $1_{,1}$ bis $1_{,9}$ m eingeliefert worden. Das Material wurde verwendet:

zu Biegeproben   mit 22 Einzelversuchen,
„ Schlagproben   „ 22   „
„ Qualitäts-Zerreissproben „ 22   „
            zusammen: 66 Einzelversuchen.

Die Gesammtzahl der Einzelversuche mit Formeisen beträgt also: 524.

c. Constructionsbleche.

Zur Prüfung auf Qualitätsverhältnisse gelangten 2 Sorten Constructionsbleche mit ausgesprochener Längenrichtung, nämlich:

I. Gewöhnliche Constructionsbleche,
II. Qualitäts-Bleche.

I. Serie: **Gewöhnliche Constructionsbleche** in 5 Nummern,

nämlich:	Nr.	1	2	3	4	5
Blechbreite:	⁰⁄ₘ	40,0,	50,0,	60,0,	70,0,	80,0
Blechdicke:	⁰⁄ₘ	0,8,	0,9,	0,9,	1,0,	1,1.

Eingeliefert wurden von jeder Nummer:

	Flusseisen:	Schweisseisen:
an norm. Zerreissproben für die Längsrichtung	2 Stück,	2 Stück,
„ „ Querrichtung	2 „	2 „
„ „ Biegeproben	4 „	4 „
„ 60,0 ⁰⁄ₘ langen Blechabschnitten	2 „	2 „
	zusammen:	100 Stück.

Das gelieferte Material wurde verwendet:

zu Zerreissproben	40 Einzelversuche,
„ Kaltbruchproben	20 „
„ Rothbruchproben	20 „
„ Bördelproben in kalten und blauwarmen Zustande	8 „
„ Lochungsproben	48 „
„ Härteproben (Härtbarkeit)	24 „
somit total:	160 Einzelversuche.

II. Serie: **Qualitäts-Bleche in Schweisseisen** in 5 Nummern,

nämlich:	Nr.	1	2	3	4	5
Blechbreite:	⁰⁄ₘ	40,0,	50,0,	60,0,	70,0,	80,0
Blechdicke:	⁰⁄ₘ	0,8,	1,0,	1,0,	1,0,	1,1.

Eingeliefert wurden von jeder Blech-Nummer:

	Schweisseisen:
an norm. Zerreissproben für die Längsrichtung	2 Stück,
„ „ Querrichtung	2 „
„ „ Biegeproben	4 „
„ 60 ⁰⁄ₘ langen Blechabschnitten	2 „
somit zusammen:	50 Stück.

Das gelieferte Material wurde verwendet:

zu Zerreissproben	mit 20 Einzelversuchen,
„ Kaltbruchproben	„ 10 „
„ Rothbruchproben	„ 10 „
„ Lochungsproben	„ 40 „
somit total:	80 Einzelversuchen.

f. Prüfung des relativen Werthverhältnisses genieteter Träger in Fluss- und Schweisseisen von Hayange.

Blechbalken in 4 Nummern,

nämlich:	Nr.	1	2	3	4
Trägerhöhe:	cm	40,0,	50,0,	60,0,	70,0.

Eingeliefert wurden:

	Flusseisen:	Schweisseisen:
Abschnitte der zur Herstellung der Blechbalken verwendeten Bleche, Winkeleisen und Gurtlamellen	12 Stück,	12 Stück,
Biegepr. von 3,9 bis bezw. 6,6 *m* Länge	8 „	8 „
Schlagproben von 1,8 *m* Länge	8 „	8 „

also zusammen: 56 Stück.

Das gelieferte Material wurde verwendet:

zu Qualitätsproben des Materials mit	62 Einzelversuche,
„ Biegeproben	16 „
„ Schlagproben	16 „

also total: 94 Einzelversuche.

Vorliegende Untersuchung umfasst somit:

1296 Einzelversuche.

Entnahme und Zurichtung der Probekörper.

Die Entnahme und Zurichtung der Probekörper geschah nach Anleitung spezieller Vorschriften; sie war Sache der HH. Auftraggeber und wurde in der Regel in deren Constructions-werkstätte zu Hayange besorgt. Nur in Fällen, wo es sich um Controlen oder um den Qualitätsausweis besondern Zwecken dienender Materialsorten handelte, wie beispielsweise der Druck-und Knickungsproben, der gewalzten und genieteten Träger u. s. w., wurden die nöthigen Probekörper an Ort und Stelle entnommen und versuchsgerecht hergerichtet. Neben diesen Arbeiten lief

eine oft ebenso zeitraubende als mühevolle Appretur des Versuchs-
materials einher, die lediglich blos aus Gründen einer exacten
Anlagerung, Einstellung, also Einspannung der Probekörper an
oder in bestimmte Theile der Festigkeitsmaschinen nöthig war.
Letzterer soll hier nur soweit Erwähnung finden, als dies zum
Verständnisse des Ganzen erforderlich erscheint.

a. Rundeisen.

Aus den Rundeisen wurden, soweit dies überhaupt möglich
war, normale Zerreissproben, vergl. die off. Mittheilungen der eidg.
Festigkeitsanstalt, 3 Heft Ste. 6 herausgedreht. Entsprechend
der ursprünglichen Rundeisenstärke variirte die Schaftdicke dieser
Zerreissproben zwischen 0,9 und 2,5 cm.

Zu den Kalt- und Warmbiegeproben, ferner zu den Schmiede-
proben wurden unbearbeitete Rundeisenabschnitte benützt. Auch
die cylindrischen, auf der Drehbank senkrecht zur Cylinderaxe
abgestochenen Stauchproben trugen die ursprüngliche Walzhaut.
Dagegen waren sämmtliche Druck- und Knickungsproben auf
constanten Querschnitt abgedreht und blank abgeschlichtet.

Die eigentlichen Druckproben waren ebenfalls cylindrisch;
der Cylinder-Durchmesser war gleich der Höhe gewählt und betrug
2,0 cm. Die Stauchproben erhielten zur Höhe den doppelten
Rundeisendurchmesser. Die Knickproben, entnommen aus Rundeisen mit

ursprünglich ⁰/ₘ 2,0, 2,5, 3,0, 3,5, 4,0, 4,5 und 5,0 Stärke,
erhielten bezw. ⁰/ₘ 1,74, 2,23, 3,78, 3,28, 3,77, 4,23 „ 4,79 Durchmesser.

b. Stabeisen.

Aus den Unterschiedlichen, der Prüfung auf Materialqualität,
der Schweissbarkeit und Härtbarkeit durch Härte-Zerreissproben

Fig. 1.

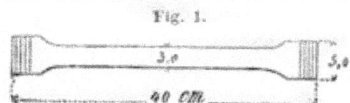

unterworfenen Stabeisensorten
wurden nach Anleitung von Fig. 1
prismatische Zerreissproben kalt
herausgearbeitet. Die Schaftstärke derselben betrug

bei: Nr.   1   2   3   4   5—9
rund: ⁰/ₘ 1,0:0,96, 2,5:0,96, 3,0:1,0, 2,5:0,96, 4,0:1,5.

Die ursprüngliche Walzhaut sämmtlicher Stäbe war entfernt, ihre Oberfläche blank abgeschlichtet.

Zu den Kalt- und Rothbruchproben, den Härtebiegeproben, ferner zu den Schmiede-, Ausbreite- und Schlagproben wurden selbstverständlich unbearbeitete Stabeisenabschnitte benutzt.

c. Universaleisen.

Die zu Qualitätsbestimmungen benützten Zerreiss- und Biegeproben wurden aus den Universaleisen in der Längsrichtung herausgefraist, wobei sämmtliche Probekörper dieser Serie auf den Breitseiten die ursprüngliche Walzhaut beibehielten.

Die Form der Zerreissproben entsprach im Wesentlichen der Fig. 1; der Schaftquerschnitt variirte zwischen 3,1 und 3,3 cm.

Die Kalt- und Warmbiegeproben erhielten die üblichen Längen von ca. 40,0 cm bei 5,0 cm Breite; ihre Kanten wurden abgefast und schwach abgerundet.

Fig. 2.

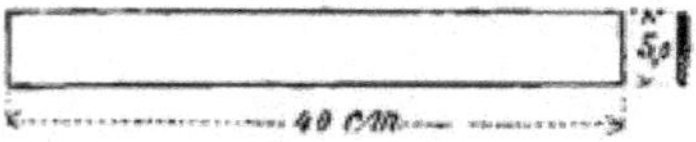

Für die Zurichtung der Lochungsproben, welche die schweizer. Locomotiv- und Maschinenfabrik in Winterthur besorgte, waren folgende Bestimmungen massgebend:

„Die zu lochenden Platten, Universalabschnitte, werden wenn nöthig auf einer ebenen Richtplatte kalt unter Anwendung hölzerner Hämmer gerade gerichtet.“

„Auf die gerade gerichteten Platten sind nach Anleitung der eingelieferten Zeichnungen die Axen der Probestäbe aufzureissen und deren Bezeichnungen aufzuschlagen.“

„Mit Ausschluss der 22,0:0,9 cm starken Universaleisenabschnitte, die blos 4 Löcher erhalten, werden sämmtliche Platten mit 6 symetrisch zur Axe derselben angeordneten Löcher, vergl. Fig. 3, versehen. Die Lochweite soll betragen bei den

Fig. 3.

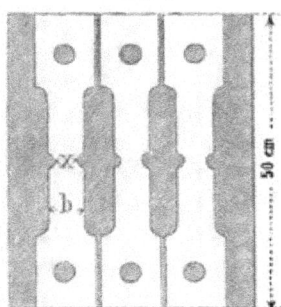

Abschnitten

$$\text{Nr. I}\left(\tfrac{22,o}{0,o}\right) \quad \text{Nr. II}\left(\tfrac{40,o}{1,o}\right) \quad \text{Nr. III}\left(\tfrac{50,o}{1,o}\right) \quad \text{Nr. IV}\left(\tfrac{60,o}{1,4}\right)$$

c''_{m} 1,8,   1,9,   2,0,   2,1.

Die Lochnaht (Abstand von Loch zu Lochwand) ist constant und gleich der doppelten Lochweite."

„Von sämmtlichen Universaleisensorten wird der eine der beiden eingelieferten Abschnitte gebohrt, der andere gestanzt."

„Das Abtrennen der einzelnen Proben einer Platte hat durch Hobeln, Fraisen oder mittelst einer Bandsäge zu erfolgen. Die Anwendung der Schere bleibt ausgeschlossen."

„Sind die Proben gelocht und abgetrennt, so sind dieselben versandgerecht. Unter keinen Umständen darf eine Nachappretur der Lochwandungen, ein Ausreiben, Nachputzen oder Beseitigen der Grate und allfälliger Bärte etc. vorgenommen werden."

u. s. w.

d. Formeisen.

Die zu Qualitätsbestimmungen benützten Zerreiss- und Biegeproben wurden aus den unterschiedlichen Formeisensorten nach Anleitung der Fig. 4, 5, 6, 7 und 8 kalt herausgearbeitet. Die Form der Zerreissproben entsprach der Fig. 1; der nutzbare Stabquerschnitt derselben schwankte zwischen 2,o und 4,8 cm^2. Die Breitseiten der Probstäbe trugen die ursprüngliche Walzhaut. Form, Abmessungen sowie Oberflächenbeschaffenheit der Biegeproben entsprach in jeder Hinsicht derjenigen der Universaleisen.

Sämmtliche zu Druckversuchen bestimmten Formeisenstäbe waren möglichst vollkommen gerichtet und mit angenähert ebenen und senkrecht zur Stabaxe gehobelten Endflächen eingeliefert worden. Behufs tadelloser Anlagerung der Stäbe an die Druckplatten der Festigkeitsmaschine mussten indessen diese Endflächen im eidg. Festigkeitsinstitute nochmals nachgefeilt und auf die besagten Druckplatten aufgeschliffen werden.

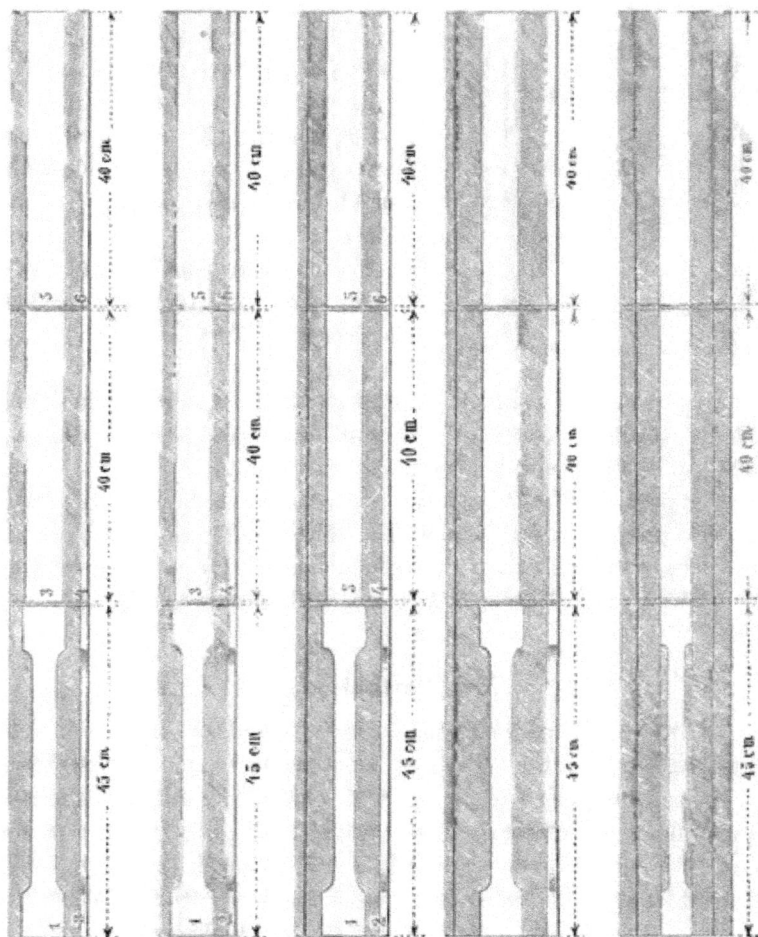

Fig. 4.   Fig. 5.   Fig. 6.   Fig. 7.   Fig. 8.

Fig. 9.

Die zu den excentrischen Druckproben bestimmten Stäbe wurden bei Excentricitäten bis 2,3 cm mit ihren ebenen und senkrecht zur Stabaxe geschliffenen Endflächen ohne weitere Appretur verwendet. Bei Excentricitäten von über 2,3 cm war es nöthig an die Stabenden nach Anleitung der Fig. 9 entsprechend starke Platten aufzunieten.

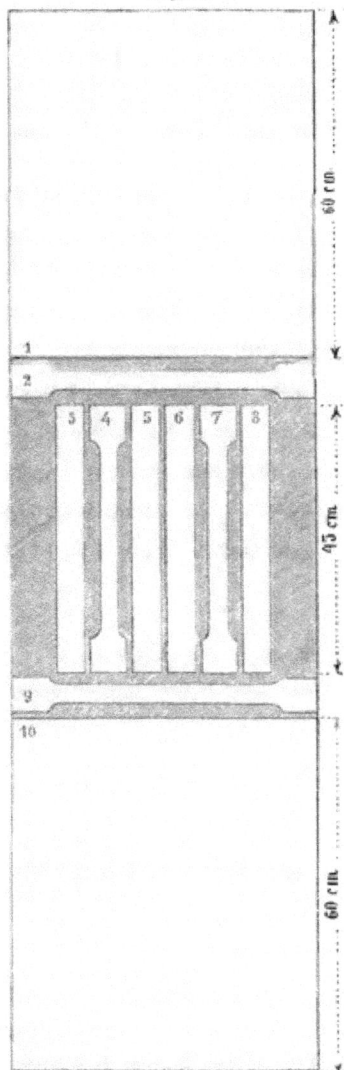

Fig. 10.

c. Constructionsbleche.

In Fig. 10 haben wir die Art der Zerlegung der zur Prüfung auf Qualität und Festigkeitsverhältnisse ausgewählten Constructionsbleche sowie die Art der Entnahme der Zerreiss- und Biegeproben dargestellt. Im Sinne der Spezifikation auf Seite 12 stellen 1 und 10 die 60 cm langen, zu Lochungsproben bestimmten Abschnitte dar; 2 und 9 sind Zerreissproben für die Querrichtung; 4 und 7 solche für die Längsrichtung; 3 und 5 sind Lamellen für die Kaltbruch-, 6 und 8 für die Rothbruchprobe.

Die Herrichtung der Lochungsproben hat nach wie vor die schweizer. Locomotiv- und Maschinenfabrik übernommen. Entsprechend unserem Vorhaben diesen Anlass zu benützen, um neben der relativen Werthbestimmung der Lochungsmethoden (Bohren und Stanzen) auch den Einfluss der Lochweite und der

Grösse der Lochnaht (Abstand der Lochränder) auf die Festigkeits-
verhältnisse des Bleches zu prüfen, wurde abermals ein spezielles
Regulativ für die Art der Lochung und der weitern Zurichtung der
Proben entworfen und der oben angeführten Fabrik zugestellt, die
die ihr anvertraute Arbeit mit besonderer Sorgfalt erledigt hatte.
Nachstehend geben wir einen Auszug des fraglichen Regulativs:

1. „Die zu lochenden Blechabschnitte sind, wenn nöthig, auf
einer ebenen Richtplatte unter Anwendung hölzerner Hämmer
kalt gerade zu richten.“

Fig. 11.

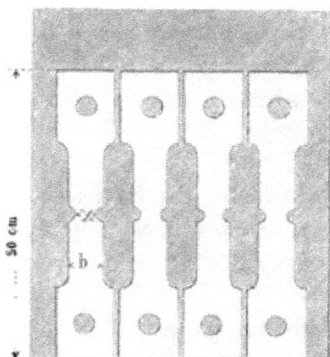

2. „Auf die gerade gerichteten
Blechabschnitte sind nach Anleitung der eingelieferten Zeichnungen die Probestücke aufzureissen und zu numeriren.“

3. „Jeder Abschnitt erhielt 6 bezw.
8 symmetrisch z. Axe d. jeweiligen
Probestabes angeordnete Löcher
von genau vorgeschriebener Grösse
und Lage (vergl. Figur 3 u. 11).“

I. Serie.
Gewöhnliche Constructionsbleche (in Schweiss- und Flusseisen).

„Von jeder Blechsorte wird der eine der beiden eingelieferten
Abschnitte gebohrt, der andere gestanzt. Die Lochweite
hat zu betragen:

	beim Blech:	Nr.	1	2	3	4
mit einer angeblichen Dicke von:		$^c/_m$	0,8,	0,9,	1,0,	1,1.
		d =	$^c/_m$ 1,6,	1,7,	1,9,	2,0.

Die Breite der Lochnaht (Abstand der Lochränder)
ist überall zu e = 2 d zu wählen.“

II. Serie.
Qualitäts-Constructionsbleche (Schweisseisen).

„Sämmtliche Blechabschnitte dieser Serie sind durch Stanzen
zu lochen. Jede der eingelieferten Blechsorten liefert 8 Proben,

welche paarweise gleiche Lochweite und gleiche Lochnaht besitzen
müssen und zwar hat zu betragen:

bei den Blechabschnitten Nr. 1 mit 0,8 $\%_m$ angebl. Dicke (40 : 0,8):

    die Lochweite: d $= \%_m$ 1,1, 1,3, 1,5 und 1,7,

    die Lochnaht: e $= 2$ d.

bei den Blechabschnitten Nr. 2 mit 0,9 $\%_m$ angebl. Dicke (50 : 0,9):

    die Lochweite: d $= \%_m$ 1,3, 1,5, 1,7 und 1,9,

    die Lochnaht: e $= 2$ d.

bei den Blechabschnitten Nr. 3 mit 1,0 $\%_m$ angeb. Dicke (60:1,0$\%_m$):

    die Lochweite: d $=$ const. $= 2,1$ $\%_m$,

    die Lochnaht: e $= 1,0$ d, 2,0 d, 3,0 d, 4,0 d.

bei den Blechabschnitten Nr. 4 mit 1,0 $\%_m$ angebl. Dicke (70:1,0):

    die Lochweite: d $=$ const. $= 2,1$ $\%_m$,

    die Lochnaht: e $= 1,0$ d, 2,0 d, 3,0 d, 4,0 d.

bei den Blechabschnitten Nr. 5 mit 1,1 $\%_m$ angebl. Dicke (80 : 0,1):

    die Lochweite: d $=$ const. $= 2,3$ $\%_m$,

    die Lochnaht: e $= 1,0$ d, 2,0 d, 3,0 d, 4,0 d.

4. „Nach erfolgter Lochung der Blechabschnitte darf keinerlei
Nachappretur der Lochwandungen, wie Ausreiben, Nachputzen,
Beseitigen etwelcher Grate u. d. m. vorgenommen werden."

5. „Das Abtrennen der einzelnen Proben einer Platte kann
durch Hobeln, Fraisen oder mittelst Bandsäge geschehen. Die
Anwendung der Schere ist unstatthaft."

u. s. w.

f. Zurichtung der Blechbalken.

Die Zurichtung der Blechbalken beschränkte sich lediglich
auf die Herstellung ebener und paralleler Lagerflächen für die
Schneiden des Biegeapparats. Obschon die Ausführung der genieteten Träger eine besonders sorgfältige gewesen, die Steh-
bleche selbst in Längen von 6,6 m fast vollkommen eben waren,
so mussten dennoch behufs tadelloser Anlagerung der Angriffs-
und Lagerschneiden des Biegeapparats, ferner behufs Erzielung
eines centrisch-axialen Kraftangriffs, die Gurtlamellen unter den
genannten Schneiden eben und parallel gefeilt werden. Die
stählernen Schneiden des Biegeapparats der grossen Kirkaldy-

Maschine sind mit einem Radius von ca. 0,₅ *cm* abgerundet.
Dieselben schienen zu scharf; man hat daher 5 *cm* breite, ca. 3 *cm*
dicke schmiedeiserne Beilagen hergestellt, vergl. Fig. 12, welche

Fig. 12.

zwischen Schneiden und Träger geschoben, die Kraft (auf ca.
90 *cm²* Fläche mit 5,₀ *cm* Breite) angemessen vertheilten. Fragliche Beilagen waren selbstredend eben und sassen bei Beginn
des Versuchs satt zwischen Schneiden und Gurtlamellen der
Träger.

Ausführung der Untersuchung.

a. Die Zerreissprobe.

Zur Feststellung der Normalelasticität, der absoluten Festigkeit
und der Zähigkeitsverhältnisse des Materials wurde jeweilen eine
der beiden eingelieferten Zerreissproben Fall für Fall der sogen.
umfassenden Qualitätsprobe unterworfen. Wiederholt
wurde diese in der Regel blos dann, wenn die Messung aus
irgend einem Grunde nicht befriedigte. Gewöhnlich diente der
disponible 2. Zerreissstab zur Ausführung der sogen. reduzirten
Qualitätsprobe, mithin zur Controle der aus dem ersten
Versuche hervorgegangenen Lage des Streckbeginns, der
Grösse der Zugfestigkeit, der Dehnungs- und Con-
tractionsverhältnisse. — Form und Abmessungen der
Zerreissstäbe entsprachen, soweit das s. Z. überhaupt möglich
gewesen, den Beschlussfassungen der München-Dresdener Conferenz
zur Vereinbarung einheitlicher Prüfungsmethoden von Bau- und

Constructionsmaterialien; die Schwankungen der Querschnitts-abmessungen sind in der vorangegangenen Nummer angegeben worden.

In der Regel wurden die Zerreissversuche mit angefraisten Enden der Probestäbe, vergl. Fig. 1 auf Seite 15, auf der uns disponiblen Werder'schen Festigkeitsmaschine ausgeführt. Ausnahmsweise und zwar ausschliesslich nur bei Prüfung der Qualität der Rundeisen wurden die Probestäbe nach Ermittlung der Elasticitätsgrössen aus der Werder'schen Maschine genommen und in eine Mohr und Federhaff'sche Zerreissmaschine gespannt, um mittelst dieser die Arbeitsdiagramme der Zugfestigkeit des Materials automatisch aufzunehmen.

Zur Ermittlung der Elasticitätsverhältnisse diente auch diesmal der Bauschinger'sche Spiegelapparat. Der Gang der Messung war kurz folgender:

Nach Verification des Instrumentes und Controle der Lage des Stabes etc. ist die Messung der elastischen Dehnungen und Feststellung der Proportionalitätsgrenze durchgeführt worden. Hierauf wurde auf ca. $\frac{1}{8}$ t genau jene Belastung ermittelt, bei welcher die erheblichen, bleibenden Dehnungen beginnen. Der Moment, wo diese eintreten, wurde übungsgemäss als „Streckbeginn oder Streckgrenze" protokollirt. Von der Streckgrenze ab wurde ohne Messung von Längenänderungen die Belastung allmälig gesteigert bis endlich eine Trennung der Theile, der Bruch eintrat. Belastet wurde die Wage der Werder'schen Maschine, so oft die Libelle des Wagebalkens vollkommen einspielte; auf eine bestimmte Dauer der Einwirkung der Belastung konnte keine Rücksicht genommen werden.

Die automatische Aufnahme der Diagramme der Zerreissarbeit bezweckte eine Controle der bisher gefundenen Völligkeitscoefficienten der Arbeitsflächen. Auch war der Berichterstatter bemüht, an Hand der Diagramme die Bruchdehnung nach Hartig's Definition und ihr Verhältniss zur Dehnung nach Bruch festzustellen. Diese Nebenarbeiten haben indessen zu keinem brauchbaren Resultate geführt, weil einerseits die Diagrammbegrenzungen mit der zufälligen Lage der Bruchstellen gegenüber

den Grenzen der Messlänge ziemlich erhebliche Schwankungen
zeigten, anderseits es nicht gelang, den Berührungspunkt der
horizontalen Tangente an die Curve des Schaubildes mit der
wünschbaren Schärfe zu bestimmen.

Die Messung der Dehnung nach Bruch geschah nach wie
vor bezogen auf eine ursprüngliche Messlänge von 10 und 20 *cm*,
nach Vereinbarungen der München-Dresdener Conferenz.

Auch bei Ausführung vorliegender Arbeit bot in einigen
Fällen die Bestimmung der Contraction beim Flusseisen wegen der
Form, — beim Schweisseisen wegen der Form und Lage des
Bruchquerschnitts Schwierigkeiten, die zu Unsicherheiten führten.
Als mittlere Dicke der Bruchflächen flusseiserner Flachstäbe,
die bekanntliche doppelconvexe Form besitzen, wurde übungs-
gemäss das arithmetische Mittel aus 5, an verschiedenen Stellen
des Querschnitts gemessenen Dicken angenommen.

Während der Ausführung vorliegender Versuche wurde
ebenfalls mehrfach und insbesondere beim Flusseisen beobachtet,
dass bei Flachstäben mit relativ grosser Breite der Bruch in der
Mitte der Breitseite des Stabes beginnt und sich von hier nach
den Schmalseiten hin fortpflanzt, was zu etwelchen Nach-
streckungen des Materials längs diesen Seiten Veranlassung gab.
Wir haben diese unberücksichtigt gelassen; unsere Versuchsstäbe
wurden stets auf der Mitte der Breitseite angerissen und gekörnt;
es beziehen sich somit auch alle Dehnungen von Versuchsstäben
rechteckigen Querschnitts auf die Mitte ihrer Breitseiten.

Umstehend folgen Beispiele für die umfassende und redu-
zirte Qualitätsprobe; sie sind selbstverständlich und bedürfen
keiner Erläuterungen.

No. 1.   # Elasticität und Zugfestigkeit.   **Flusseisen.**
Umfassende Qualitätsprobe.

Versuchsobject: Rundstab; einem 3,0 cm starken Rundeisen entnommen.

Durchmesser der Probe: $d = 2{,}50$ cm. — Querschnittsfläche: $F = 4{,}91$ cm^2.

Prot. No.	Be- lastung P in t	Quer- schnitts- Fläche $F\ cm^2$	Mess- Länge $l\ cm$	Ver- kürzung $\Delta l\ \frac{cm}{1000}$	Differenz	Bemerkungen
16	0,00	4,91	15,00	0,00		Rundstab, sign.: 30 A₂.
	3,00			4,20	4,20	Staboberfläche: blank, fehlerfrei.
	0,00			0,00		
	3,00			4,25	4,25	
	4,00			5,66	1,41	
	5,00			7,06	1,40	**Bruchfläche:**
	6,00			8,47	1,41	
	7,00			9,91	1,44	
	8,00			11,32	1,41	
	9,00			12,74	1,42	
	10,00	Elast. Grenze		14,28	1,54	
	11,00			15,98	1,68	
	12,00			18,12	2,16	
	13,00	Skala passirt d. Gesichtsfeld.				
	13,65	Streckgrenze.				
	20,20	max. Tragkraft.				
	15,80	Bruchkraft.				

Bruchfläche:

Abmessungen der Bruchfläche:

$$d_c = 1{,}51\ cm;$$
$$F_c = 1{,}79\ cm^2.$$

Mittlere, elastische Dehnung pro 1,0 t Belastung $\Delta l = 0{,}001415$ cm.

Elasticitätsmodul . $\varepsilon = 2159\ t$ pro cm^2

Grenzmodul . . . $\gamma = 1{,}94$ „ „ „

Spannung an der
  Streckgrenze . $\sigma = 2{,}77$ „ „ „

Zugfestigkeit . . $\beta = 4{,}12$ „ „ „

Dehnung nach Bruch
  pro 10 cm . . . $\lambda_1 = 32{,}0$ %
  pro 20 cm . . . $\lambda_2 = 22{,}0$ „

Contraction . . . $\varphi = 63{,}5$ „

Qualitätscoefficient n.
  Tetmajer . . . $c = 0{,}91\ cm\ t$

Beschaffenheit d. Bruchfläche: fehlerfrei.

Staboberfläche nach Bruch:
  vollkommen intakt.

3

No. 2.   # Elasticität und Zugfestigkeit.   Schweisseisen.

Umfassende Qualitätsprobe.

Versuchsobject: Rundstab; einem $3{,}0\ cm$ starken Rundeisen entnommen.

Durchmesser der Probe: $d = 2{,}50\ cm$. — **Querschnittsfläche:** $F = 4{,}91\ cm^2$.

Prot. No.	Be-lastung P in t	Quer-schnitts-Fläche F cm²	Mess-Länge l cm	Ver-kürzung $\Delta l \frac{cm}{1000}$	Differenz	Bemerkungen
17	0,00	4,91	15,00	0,00		Rundstab, sign. 30 F₂.
	3,00			4,59	4,59	Staboberfläche: blank, zeigt Spuren von
	0,00			0,00		Schweissnähten.
	3,00			4,58	4,58	
	4,00			6,12	1,54	
	5,00			7,62	1,50	**Bruchfläche:**
	6,00			9,19	1,57	
	7,00	Elast.-		10,75	1,56	
	8,00	Grenze		12,39	−1,64	
	9,00			14,18	1,79	
	10,00			16,78	2,60	
	11,00	Skala beginnt sich stetig fort-zubewegen.				
	12,00	Streckgrenze.				
	18,50	max. Tragkraft.				
	18,20	Bruchkraft.				
		Staboberfläche nach Bruch: vollkommen intakt.				

Abmessungen der Bruchfläche:

$$d_c = 2{,}15\ cm;$$
$$F_c = 3{,}63\ cm^2.$$

Mittlere, elastische Dehnung pro $1{,}0\ t$ Belastung $\Delta l = 0{,}001540\ cm$.

Elasticitätsmodul . $\varepsilon = 1987\ t$ pro cm^2

Grenzmodul . . . $\gamma = 1{,}53$ „ „ „

Spannung an der Streckgrenze . . $\sigma = 2{,}44$ „ „ „

Zugfestigkeit . . . $\beta = 3{,}77$ „ „ „

Dehnung nach Bruch

     pro $10\ cm$ . . . $\lambda_1 = 18{,}0\ \%$

     pro $20\ cm$ . . . $\lambda_2 = 17{,}6$ „

Contraction . . . $\varphi = 26{,}1$ „

Qualitätscoefficient n.

     Tetmajer . . . . $c = 0{,}67\ cm\ t$

Beschaffenheit d. Bruchfläche: fehlerfrei.

Nr. 3.

Zugfestigkeit.

Nr. 4.

Reducirte Qualitätsproben.

Flusseisen.				**Schweisseisen.**			

Proto-koll No.	Be-lastung P t.	Querschnitts-grössen		Bemerkungen	Proto-koll No.	Be-lastung P t	Querschnitts-grössen		Bemerkungen
		d cm	F cm²				d cm	F cm²	
18	0,00	2,50	4,91	Rundstab, sign.: 30 A₁, entnommen dem gleich. Rundeisen wie Prot. Nr. 16. Staboberfläche: blank, fehlerfrei.	19	0,00	2,50	4,91	Rundstab, sign.: 30 F₁, entnommen dem gleichen Rundeisen wie Prot. Nr. 17. Staboberfläche: blank; zeigt Spuren von Schweissnähten.
	13,00	Streckgrenze		Abmessungen der Bruchfläche:		12,0	Streckgrenze		Abmessungen der Bruchfläche:
	19,90	max.Tragkraft		$d_e = 1{,}51$ cm, $F_e = 1{,}79$ cm².		18,73	max.Tragkraft		$d_e = 2{,}10$ cm, $F_e = 3{,}46$ cm².
	15,45	Bruchkraft		$\varphi = \frac{312}{491} = 63{,}5$		18,02	Bruchkraft		$\varphi = \frac{145}{4{,}91} = 29{,}3$

Spannung an der Streck-

grenze . . . . . . $\sigma = 2{,}64\ t$ pro cm^2

Zugfestigkeit . . . . $\beta = 4{,}02$ „ „ „

Dehnung nach Bruch pro

10 cm . . . . . . $\lambda_1 = 34{,}5$ %

Dehnung nach Bruch pro

20 cm . . . . . . $\lambda_2 = 25{,}8$ „

Contraction . . . . . $\varphi = 63{,}5$ „

Qualitäts - Coefficient nach

Tetmajer . . . . . $c = 1{,}04$ „

Beschaffenheit der Bruchfläche: fehlerfrei.

Staboberfläche nach Bruch: vollkommen intakt.

Spannung an der Streck-

grenze . . . . . . $\sigma = 2{,}44\ t$ pro cm^2

Zugfestigkeit . . . . $\beta = 3{,}81$ „ „ „

Dehnung nach Bruch pro

10 cm . . . . . . $\lambda_1 = 31{,}5$ %

20 cm . . . . . . $\lambda_2 = 22{,}8$ „

Contraction . . . . . $\varphi = 29{,}3$ „

Qualitäts - Coefficient nach

Tetmajer . . . . . $c = 0{,}87$ cm t.

Beschaffenheit der Bruchfläche: sehnig mit

geringfügigen körnigen Einlagerungen.

Staboberfläche nach Bruch: vollkommen intakt.

b. Die Kaltbruch-Probe.

Je nach Form und Abmessungen der zu prüfenden Materialien mussten die Methode und die Hülfsmittel der Kaltbruchproben wechseln.

Abschnitte der 2,5 bis 5,0 *cm* starken Rundeisen wurden unter eine angemessen starke Schraubenpresse gebracht und um Dorne von ungefähr der Stärke des zu prüfenden Rundeisens allmälig bis auf ca. 120° gebogen und wenn hierbei nicht schon metallischer Bruch erzielt worden war, unter Benutzung der gleichen Maschine, gefaltet. Rundeisen von unter 2,5 *cm* Stärke wurden auf der Biegemaschine von Mohr und Federhaff um einen Dorn von 2,6 *cm* Durchmesser zunächst bis auf ca. 96° gebogen und eventuell auf der vorstehend angeführten Schraubenpresse gefaltet.

Bezüglich der Kaltbiegeproben mit Stabeisen-Abschnitten gelten vorstehende Anführungen mit der Ergänzung, dass das schliessliche Falten von Hand mittelst Vorschlaghämmern vorgenommen wurde. Diese rohe Manipulation trägt Schuld daran, dass einige Flusseisenstäbe in den starken Nummern anrissig wurden bezw. gebrochen sind.

Zur zahlenmässigen Darlegung der relativen Biegsamkeit des Schweisseisens gegenüber dem Flusseisen der Herren de Wendel & Comp. wurden aus der Reihe der 1,5 m langen Stabeisenabschnitte einige gleich starke Nummern in beiden Eisensorten ausgesucht und vor Abtrennung von Abschnitten zu andern Qualitätsversuchen folgenden Proben unterworfen:

Die gerade gerichteten und behufs thunlichst vollkommener Anlagerung der Angriffs- und Lagerschneiden entsprechend appretirten Stäbe wurden hochkant bei 1,0 m Freilage in den Biegeapparat einer Mohr und Federhaff'schen Festigkeitsmaschine eingespannt und einer allmälig gesteigerten Belastung auf die Stabmitte ausgesetzt. Gleichzeitig wurden automatisch die Schaubilder der Biegungsarbeit aufgenommen, welche zur Feststellung der Biegungsarbeiten für verschiedene Spannungsgrenzen der

Versuchsobjekte benutzt wurden. Querbrüche dieser Versuchsstäbe konnten vor Eintritt seitlicher Verwindung nicht erzielt werden. Es wurden somit die Versuche bei Beginn der Verwindung unterbrochen und die Deformationsarbeit

1. bei einer Durchbiegung von $3{,}0$ cm, sowie
2. beim Erreichen folgender Belastungen ermittelt, u z.
   für Stäbe mit $6{,}0{:}3{,}0$ cm Stärke bei $3{,}0$ t,

   „ „ „ $6{,}0{:}2{,}0$ „ „ „ $2{,}2$ t,

   „ „ „ $4{,}0{:}2{,}0$ „ „ „ $0{,}8$ t.

Die aus den unterschiedlichen Universaleisen, Formeisen, Constructionsblechen etc. herausgearbeiteten Kaltbiegeproben, vergl. Fig. 4—8 auf Seite 18, wurden auf dem bereits erwähnten Biegeapparat von Mohr und Federhoff ausgeführt. Die Versuchsstäbe sind in diesen Biegeapparat eingespannt und nach wie vor um einen Dorn von $2{,}6$ cm Durchmesser maschinell und zwar sofern nicht schon vorher metallischer Bruch eintrat, bis auf ca. 96^{0} abgebogen und hierauf von Hand eventuell gefaltet worden.

Bei diesen Versuchen ist das Aufgehen von Schweissnähten nicht als metallischer Bruch angesehen worden. In der That ist dieses ein Criterium für die Güte und den Werth der Schweissung, nicht aber für die Kaltbrüchigkeit des Materials, die die Kalt-Biegeprobe festzustellen bezweckt.

c. Die Rothbruchprobe.

Sämmtliche der Rothbruchprobe unterworfenen Eisensorten oder lamellare Ausschnitte solcher, wurden in einen kleinen Glühofen allmälig auf Kirschroth-Gluth gebracht, sodann um einen Dorn von ca. $2{,}6$ cm Durchmesser von Hand gebogen, und, sofern nicht schon vorher Querbrüche eingetreten sind, mittelst Vorschlaghämmer gefaltet worden.

Im Allgemeinen sind bei den Warmbiegeproben ähnliche Erscheinungen aufgetreten wie bei den Kaltbiegeproben. Das Flusseisen hat das Falten und schliessliche Zusammenlegen tadellos ertragen. Brüche sind hierbei überhaupt nicht vorgekommen.

Beim Schweisseisen trat ein Oeffnen von Schweissfugen ebenfalls
jedoch entschieden später auf als bei den correspondirenden Kaltbruchproben; sie sind meistens beim Falten, einzelne sogar erst
beim Zusammenschlagen aufgetaucht.

d. Die Schmiedprobe.

Sämmtliche Proben auf Kalt- und Warmschmiedbarkeit
bezw. auf Warmausbreitungsfähigkeit des Fluss- und Schweisseisens der HIll. de Wendel & Comp. sind unter Controle in
der Centralwerkstätte der schweizer. Nord-Ost-Bahn in Zürich
durch einen erfahrenen Schmied ausgeführt worden. Die zu den
Schmiedproben bestimmten Rund- und Stabeisenabschnitte sind
Stück für Stück ca. 6,0 cm von einem Ende weg leicht angehauen
worden. Dies geschah lediglich aus dem Grunde, um eine Einheit
zu gewinnen und blieb auch die Schmiedearbeit thatsächlich auf
die so begrenzten Stabtheile beschränkt.

Das Abschmieden der Probekörper geschah das eine Mal in
kaltem Zustande, das andere Mal bei heller Kirschrothgluth und
sodann stets in einer Hitze, bei allen Stäben mit mehr als 1,0 cm
Dicke unter einem ziemlich rasch arbeitenden Federhammer, bei
allen schwächeren Eisensorten von Hand. Die Schmiedearbeit
wurde eingestellt, so oft die Stäbe gespalten oder brüchig ge-
worden waren bezw. sobald die Rothgluth geschwunden war und
die Stäbe dunkel zu werden begannen.

Ausbreiteversuche sind nur an Stabeisenabschnitten u. z.
selbstredend ausschliesslich in warmem Zustande ausgeführt worden.

Protokollirt wurden, soweit als möglich, alle beim Schmieden
gemachten Wahrnehmungen. In einzelnen Fällen genügte scheinbar ein Hammerschlag, um Längsrissigkeit (Spaltungen) bezw.
Besenbrüchigkeit zu ergeben. Offenbar waren schon vorher
Kernrisse entstanden, die bei den folgenden Hammerschlägen das
scheinbar plötzliche Zerfallen des Versuchskörpers ergaben. Der
Moment, wo die ersten Risse entstanden, konnte in keinem Falle
mit Sicherheit festgestellt werden.

e. Die Stauchprobe.

Die der Probe auf Stauchbarkeit unterworfenen, geraden Cylinder, vergl. Ste. 15 dieses Berichts, wurden in einem offenen Kohlenfeuer auf thunlichst gleiche und gleichmässig helle Kirschrothgluth gebracht und sodann in einer Hitze von Hand bezw. unter dem vorstehend angezogenen Federhammer bis zu dem Moment gestaucht, wo ausgeprägte Längsspaltung (meist einfaches Aufgehen von Schweissnäthen) eintrat oder die Abkühlung der Proben entsprechend, d. h. bis zum Eintritt der Dunkelrothgluth, fortgeschritten war. Beim Auftauchen der ersten Rissbildungen sowie nach dem Erkalten der Proben wurde deren Höhe gemessen und protokollirt. Abbildungen der gestauchten Körper vergl. Taf. 4, wo Fall für Fall eine Schweisseisen- und die correspondirende Flusseisenprobe dargestellt sind. Der zwischenliegende Cylinder gibt in richtigem Massstabe die ursprüngliche Form und Höhe der Probekörper.

f. Die Schweissprobe.

Zur Prüfung der Schweissbarkeit des basischen Convertereisens und des Schweisseisens (Constructionsqualität) der Herren de Wendel & Comp. wurden einige der eingelieferten Stabeisenabschnitte benützt. Der Berichterstatter wählte in Fluss- und Schweisseisen je einen Stab vom Querschnitte:

$$4,0 : 1,0 \ cm, \ 4,0 : 2,0 \ cm \ \text{und} \ 6,0 : 1,0 \ cm,$$

liess denselben in angenähert 3 gleich lange Stücke zerlegen und benützte das mittlere Theilstück zur Feststellung der Festigkeitsverhältnisse des Materials im Anlieferungszustande (gleichzeitig Controle), während die beiden Endstücke der Schweissprobe unterworfen wurden. Letztere wurde unter Aufsicht durch einen geübten Schmied in der Werkstätte der schweiz. Nord-Ost-Bahn in Zürich ausgeführt. Das Verfahren hierbei war kurz folgendes:

Die vorstehend bezeichneten Endstücke der Stabeisenabschnitte wurden ebenfalls zunächst gehälftet, die zusammenzuschweissenden Enden nach Anleitung der Fig. 13 zugerichtet

Fig. 13.

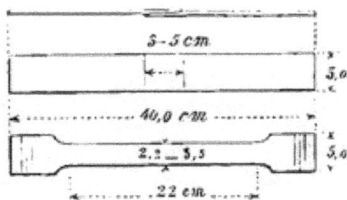

u. hierauf in einem offenen Schmiede-
feuer schweisswarm gemacht. Als
Schweissmittel diente Quarzsand
und erfolgte die schliessliche
Schweissung unter Anwendung ge-
wöhnlicher Handhämmer. Die geschweissten Stäbe wurden warm
nachgeputzt und behufs Entnahme
normaler Zerreissproben (in Flachstabform) weiter in Appretur
gegeben. Letztere geschah übungsgemäss in kaltem Zustande
und hatte man dafür gesorgt, dass die geschweisste Stelle angenähert in Mitte der Zerreissprobe fiel.

Die appretirten Probestäbe waren allseitig behobelt und
glatt abgeschlichtet. Die Schweissung fiel scheinbar befriedigend
aus, denn weder Umrisse noch Ausschieferungen der Schweiss-
flächen konnten an den Stäben bemerkt werden.

Wiederholend sei gestattet auch an dieser Stelle anzuführen,
dass bei Beurtheilung der Güte der Schweissung hauptsächlich
folgende Momente in Betracht fallen:

1. die Anzahl der mit dem nämlichen Materiale in ge-
schweisstem und ungeschweisstem Zustande ausgeführten Einzelversuche;

2. die procentuale Anzahl der mit groben Schweissfehlern
angetroffenen Probekörper;

3. die procentuale Anzahl der ausserhalb der Grenzen der
geschweissten Fläche gerissenen Stäbe;

4. die procentuale Aenderung der ursprünglichen Festigkeits-
und Zähigkeitsverhältnisse, ausgedrückt durch die Zugfestigkeit
und Arbeitscapacität des Materials.

Schweissprobe.

<table>
<tr><td>Nr. 5.</td><td align="center">Flusseisen.</td><td>Nr. 6.</td></tr>
<tr><td>Ungeschweisst.</td><td align="center">Geschweisst.</td><td></td></tr>
</table>

Proto-koll Nr.	Be-lastg. P t	Querschnitts-grössen b : c cm	F cm²	Bemerkungen	Proto-koll Nr.	Be-lastg. P t	Querschnitts-grössen b : c cm	F cm²	Bemerkungen
280	0,00	3,49 : 0,74	2,58	Flachstab, sign. A₂ entnommen einem 6,₀ : 1,₀ cm starken Stabeisen.	281	0,00	3,50 : 0,74	2,59	Flachstab, sign. A₂ entnommen dem nämlichen Stabeisen wie No. 280.
				Staboberfläche: blank, fehlerfrei.					**Staboberfläche:** blank, fehlerfrei.
	7,50	Streckgrenze		Abmessungen der Bruchfläche:		8,50	**Streckgrenze**		Abmessungen der Bruchfläche:
	11,38	max.Tragkraft		$b_c = 2{,}50\ cm$; $c_c = 0{,}46\ cm$; $F_c = 1{,}15\ cm^2$. $\varphi = \frac{143}{2{,}54} = 55{,}4\,°/°$.		11,88	max. **Tragkraft**		$b_c = 2{,}55\ cm$; $c_c = 0{,}52\ cm$; $F_c = 1{,}33\ cm^2$. $\varphi = \frac{126}{2{,}59}\ 48{,}6\,°/°$.
				Bruchstelle liegt im Drittel der Stablänge.					Bruchstelle liegt innerhalb, doch nahe der Grenze der Schweiss-fläche.

Spannung an der Streck-
    grenze . . . . . $\sigma = 2{,}88\ t$ pro cm^2

Zugfestigkeit . . . . $\beta = 4{,}41\ t$ pro cm^2

Dehnung nach Bruch
    pro 10 cm . . . . $\lambda_1 = 33{,}0\,°/°$
    pro 20 cm . . . . $\lambda_2 = 26{,}5\,°/°$

Contraction . . . . $\varphi = 55{,}4\,°/°$

Qualitätscoefficient nach
    Tetmajer . . . . . $c = 1{,}17\ cm\ t$.

Beschaffenheit der Bruchfläche: fehlerfrei, sehnig.

Staboberfläche nach Bruch: vollkommen intakt.

Spannung an der Streck-
    grenze . . . . . $\sigma = 3{,}28\ t$ pro cm^2

Zugfestigkeit . . . . $\beta = 4{,}50\ t$ pro cm^2

Dehnung nach Bruch
    pro 10 cm . . . . $\lambda_1 = 26{,}6\,°/°$
    pro 20 cm . . . . $\lambda_2 = 20{,}0\,°/°$

Contraction . . . . $\varphi = 48{,}6\,°/°$

Qualitätscoefficient nach
    Tetmajer . . . . . $c = 0{,}96\ cm\ t$.

Beschaffenheit der Bruchfläche: sehnig, an einer Stelle ist die Schweissnaht sichtbar.

Staboberfläche nach Bruch: in Nähe der Schnittstelle anrissig.

Schweissprobe.

Nr. 7.   Schweisseisen.   **Nr. 8.**

Ungeschweisst.   Geschweisst.

Proto-koll No.	Be-lastg. P t	Querschnitts-grössen in cm b : c cm	F cm²	Bemerkungen	Proto-koll No.	Be-lastg. P t	Querschnitts-grössen in cm b : c cm	F cm²	Bemerkungen
273	0,00	2,18:0,75	1,64	Flachstab, sign. F₂ entnommen einem 4,6 : 1,8 cm starken Stabeisen.	272	0,00	2,18:0,71	1,55	Flachstab, sign. F₁ entnommen dem nämlichen Stabeisen wie Nr. 273

Staboberfläche :
blank; zeigt Spuren
von Schweissnähten.

Staboberfläche:
blank; zeigt Spuren
von Schweissnähten.

4,50 **Streckgrenze**   **Abmessungen** der Bruchfläche :
$$b_e = 2,05 \ cm;$$
$$c_e = 0,65 \ cm;$$
$$F_e = 1,33 \ cm^2.$$

4,00 **Streckgrenze**   **Abmessungen** der Bruchfläche :
$$b_e = 2,02 \ cm;$$
$$c_e = 0,63 \ cm;$$
$$F_e = 1,27 \ cm^2.$$

6,25 **max. Tragkraft** $\varphi \quad \frac{31}{1,44} \quad 18{,}9 \ \%.$

6,00 **max. Tragkraft** $\varphi \quad \frac{28}{1,44} - 18{,}1 \ \%.$

Bruchstelle liegt nahe der Stabmitte.

Bruchstelle liegt innerhalb der
Grenzen der Schweissfläche.

Spannung an der Streck-
  Grenze . . . . . $\sigma = 2{,}74 \ t \ pro \ cm^2$

Zugfestigkeit . . . . $\beta = 3{,}81 \ t \ pro \ cm^2$

Dehnung nach Bruch
  pro 10 cm . . . . $\lambda_1 = 10{,}6 \ \%$
  pro 20 cm . . . . $\lambda_2 = 10{,}0 \ \%$

Contraction . . . . $\varphi = 18{,}9 \ \%$

Qualitätscoefficient nach
  Tetmajer . . . . c = 0,38 cm t.

Beschaffenheit der Bruchfläche: sehnig,
fehlerfrei.

Staboberfläche nach Bruch: fast vollkommen
intakt; zeigt Spuren v. Schweissnähten.

Spannung an der Streck-
  grenze . . . . . $\sigma = 2{,}58 \ t \ pro \ cm^2$

Zugfestigkeit . . . . $\beta = 3{,}67 \ t \ pro \ cm^2$

Dehnung nach Bruch
  pro 10 cm . . . . $\lambda_1 = 11{,}3 \ \%$
  pro 20 cm . . . . $\lambda_2 = 11{,}3 \ \%$

Contraction . . . . $\varphi = 18{,}1 \ \%$

Qualitätscoefficient nach
  Tetmajer . . . . c = 0,44 cm t.

Beschaffenheit der Bruchfläche: sehnig, mit
einer körnigen Partie.

Staboberfläche nach Bruch : leicht wellig;
in der Nähe der Schweissstelle anrissig.

g. Die Härteprobe.

Die Probe auf Härtbarkeit bezweckt festzustellen, ob das uns eingelieferte Flusseisen stahl- oder schmiedeisenartigen Charakter trägt. Da unser Versuchsmaterial der Hauptsache nach ein und derselben Charge angehört (vergleiche § 3 der Programmbestimmungen auf Ste. 4), so erschien es überflüssig, die Versuche auf Härtbarkeit auf die Materialsorten sämmtlicher Theillieferungen auszudehnen; wir beschränkten uns daher die Härteproben an disponiblen Abschnitten einzelner Stabeisen- und Blechsorten auszuführen. Benützt wurden speziell:

Stabeisenabschnitte mit: $2{,}0 : 1{,}0 \, cm$, $4{,}0 : 1{,}0 \, cm$, $6{,}0 : 1{,}0 \, cm$, $8{,}0 : 2{,}0 \, cm$ Querschnitt sowie die bei der Appretur der Lochungsproben gewonnenen Abfälle der Bleche von $40{,}0 : 0{,}8 \, cm$, $50{,}0 : 0{,}9 \, cm$ und $70{,}0 : 1{,}0 \, cm$ Stärke.

Der Berichterstatter liess aus diesen Materialien theils Härtebiegeproben, theils Härtezerreissproben nach Anleitung von Fig. 1 und Fig. 2 kalt herausarbeiten. Leider waren die gelieferten Stabeisenabschnitte durch andere Versuche so stark belegt, dass aus den erübrigten Stücken sich sowohl Härtebiege- als auch Härtezerreissproben nicht mehr entnehmen liessen. Somit blieb nichts übrig, als einzelne Stabeisensorten dem einen, andere dem andern Prüfungsverfahren zuzuwenden. So sind denn auch aus den Stabeisenabschnitten

mit $2{,}0 : 1{,}0 \, cm$ und $8{,}0 : 2{,}0 \, cm$ Stärke Härtebiegeproben,

„ $4{,}0 : 1{,}0$ „ „ $6{,}0 : 1{,}0$ „ „ Härtezerreissproben

herausgearbeitet worden.

Aus den vorstehend angezogenen Blechabfällen wurden ebenfalls Härtebiege- und Zerreissproben entnommen, letztere jedoch nur bei Flusseisenblechen.

Die aus den angeführten Materialien gewonnenen Härtebiege- und Zerreissproben wurden gleichzeitig in einem Muffelglühofen eingesetzt, auf Kirschrothgluth erhitzt, hierauf in Wasser von 25^{0} C. abgeschreckt. Nach der Procedur des Abschreckens waren die Stäbe versuchsgerecht und ist diesmal Gewicht darauf gelegt worden, dass nachträglich keinerlei Appreturen stattfanden, die die Wirkung des Temperns beeinflussen, das Urtheil trüben konnten.

Die gewonnenen Resultate belehren darüber, ob das Werk mit Recht ihr Converter-Constructionseisen als „weichen Stahl" (açier doux) bezeichnet; sie sind auch beredte Argumente für den Standpunkt des Berichterstatters, welcher in der Frage der Beurtheilung der Wirkung des Härteverfahrens, die Härtebiege-probe durch die ungleich wirksamere Härtezerreissprobe ersetzt sehen möchte (dies insbesondere bei Prüfung von Kesselblechen).

Nachstehende Protokollausfertigungen geben ein Bild über den bei der Probeausführung betretenen Weg.

Härtezerreissprobe.

Nr. 9.   **Nr. 10.**

Ungehärtet.   **Flusseisen.**   Gehärtet.

Proto-koll No.	Be-lastung P t	Querschnitts-grössen in cm b:c cm	F cm²	Bemerkungen	Proto-koll No.	Be-lastung P t	Querschnitts-grössen in cm b:c cm	F cm²	Bemerkungen
291	0,00	2,23:1,00	2,23	Flachstab, sign. A₂ entnommen einem 4,0:1,0 cm starken Stabeisen.	290	0,00	2,23:1,00	2,23	Flachstab, sign. A₁ entnommen dem nämlichen Stabeisen wie Nr. 291.
				Staboberfläche: fehlerfrei, trägt die urspr. Walzhaut.					Staboberfläche: fehlerfrei, trägt die urspr. Walzhaut.
	6,25	Streckgrenze		Abmessungen der Bruchfläche $b_c = 1{,}46$ cm $c_c = 0{,}57$ cm $F_c = 0{,}83$ cm². $\varphi = \frac{140}{2{,}23}\ 62{,}8\%$		9,50	Streckgrenze		Abmessungen der Bruchfläche. $b_c = 1{,}74$ cm $c_c = 0{,}71$ cm $F_c = 1{,}24$ cm². $\varphi\ \frac{99}{2{,}23}\ 44{,}4\%$
	9,63	max. Tragkraft		Bruchstelle liegt ca. im Drittel der Stablänge.		14,50	max. Tragkraft		Bruchstelle liegt ca. im Drittel der Stablänge.

Spannung an der Streck-
grenze . . . . . $\sigma = 2{,}80$ t pro cm²

Zugfestigkeit . . $\beta = 4{,}32$ „ „ „

Dehnung nach **Bruch:**

pro 10 cm . . . $\lambda_1 = 31{,}5\%$

pro 20 cm . . . $\lambda_2 = 25{,}7\%$

Contraction . . . . $\varphi = 62{,}8\%$

Qualitäts-Coefficient

nach Tetmayer . . $c = 1{,}11$ cm t.

Beschaffenheit der Bruchfläche: sehnig; fehlerfrei.

Staboberfläche nach Bruch: vollkommen intakt.

Spannung an der Streck-
grenze . . . . . $\sigma = 4{,}26$ t pro cm²

Zugfestigkeit . . $\beta = 6{,}50$ „ „ „

Dehnung nach **Bruch:**

pro 10 cm . . . $\lambda_1 = 17{,}6\%$

pro 20 cm . . . $\lambda_2 = 15{,}1\%$

Contraction . . . . $\varphi = 44{,}4\%$

Qualitäts-Coefficient

nach Tetmayer . . $c = 0{,}98$

Beschaffenheit der Bruchfläche: kristallinisch körnig, hell glänzend; mit einer sehnigen Partie in der Mitte.

Staboberfläche nach Bruch: vollkommen intakt.

Nr. 11.   Härtebiegeprobe.   Nr. 12.

Ungehärtet.   Fluss- und Schweisseisen.   Gehärtet.

Proto-koll Nr.	Urspr. Abmessungen der Probe Breite b cm	Dicke c cm	Bieg.-Winkel α^0	Bemerkungen	Proto-koll No.	Urspr. Abmessungen der Probe Breite b cm	Dicke c cm	Bieg.-Winkel α^0	Bemerkungen
	Stabeisen.					**Stabeisen.**			
	a. Flusseisen.					a. Flusseisen.			
811	8,0	2,0 Bis	— 180°	Flachstab, sign. A_1 maschinell gebogen; sodann gefaltet; Stab wird gegenbrüchig.	813	8,0	2,0 Bis	— 180°	Flachstab, sign. A_1 maschinell, sodann von Hand zur Schleife gebogen; ohne Bruch.
812	8,0	2,0 Bis	— 180°	Flachstab, sign. A_2 maschinell gebogen; sodann gefaltet; Stab wird gegenbrüchig.	814	8,0	2,0 Bis	— 180°	Flachstab, sign. A_2 maschinell sodann von Hand zur Schleife gebogen; es tritt durchgreifender Querbruch ein.
	b. Schweisseisen.					b. Schweisseisen.			
815	8,0	2,0 Bis	— 80°	Flachstab, sign. F_1 maschinell gebogen; Stab wird querrissig.	817	8,0	2,0 Bis	— 53°	Flachstab, sign. F_1 maschinell gebogen; Stab wird querrissig.
816	8,0	2,0 Bis	— 90°	Flachstab, sign. F_2 maschinell gebogen; Stab wird querrissig.	818	8,0	2,0 Bis	— 47°	Flachstab, sign. F_2 maschinell gebogen; Stab wird querrissig.
	Constructionsblech.					**Constructionsblech.**			
	Flusseisen.					Flusseisen.			
388	70,0	1,0 Bis	— 96°	Flachstab, sign. A_7 maschinell gebogen, sodann von Hand gefaltet ohne Bruch.	422	70,0	1,0 Bis	— 96°	Flachstab, sign. A_7 maschinell sodann von Hand zur Schleife gebogen; ohne Bruch.
389	70,0	1,0 Bis	— 96°	Flachstab, sign. A_8 maschinell gebogen; sodann von Hand gefaltet ohne Bruch.	423	70,0	1,0 Bis	— 96°	Flachstab, sign. A_8 maschinell sodann von Hand zur Schleife gebogen; ohne Bruch.

h. Die Lochungsproben.

Zur Prüfung der Lochbarkeit, bezw. zur Feststellung des Einflusses der beiden wichtigsten Lochungsmethoden, des Bohrens und Stanzens, auf das Constructionseisen der HH. de Wendel & Comp., dienten Blech- und Universaleisenabschnitte. Dank dem Entgegenkommen der HH. Chefs der Werke de Wendel & Comp. war es dem Berichterstatter ermöglicht diesen Anlass zu benützen, um neben der Lochbarkeit des Eisens überhaupt, der Fragen nach den Einflüssen der Lochweite, des Verhältnisses der Lochweite zur Blechstärke sowie nach den Einflüssen der Grösse des Verhältnisses der Lochnaht zur Lochweite, experimentell näher zu treten. Man wird bemerken, dass die gewonnenen Resultate um so nützlicher sind, als sie an 3 physikalisch und mechanisch-qualitativ ganz verschiedenartigen Materialsorten, näml. an *basischem Convertereisen, Constructionsqualität; gewöhnlichen, ordinären Schweissblechen* u. *schweisseisernen Qualitätsblechen* erhoben wurden.

Die Flusseisen- und die ordinären Schweisseisenbleche wurden sowohl gestanzt als gebohrt; die schweisseisernen Qualitätsbleche konnten mit Rücksicht auf den Umstand, dass der Einfluss des Bohrens durch den Berichterstatter anderweitig hinlänglich abgeklärt wurde (vergl. die off. Mittheilungen der eidgenössischen Festigkeitsanstalt, 3. Heft, Seite 188—201) ausschliesslich zur Prüfung der Stanzwirkung verwendet werden.

Die Form der Probekörper geben Fig. 3 und 11 dieses Berichts. Man sieht, dieselben wurden auf Bolzen gesteckt, also beweglich und centrisch in die Zugaxe der Werder'schen Maschine, die auch zur Erledigung der Lochungsproben benutzt werden musste, gelagert und zerrissen. Die Schaftbreite *b* sowie der Abstand der Bruchstelle von den Befestigungsbolzen waren reichlich d. h. so bemessen, dass die concentrirte Zugkraft aus den Köpfen der Probekörper sich mit Sicherheit gleichmässig auf die Lochnaht vertheilen konnte.

Umstehend folgen zur Einsichtnahme in die Art der Versuchsausführung einige Auszüge unserer Protokoll-Ausfertigungen.

Nr. 13.   Lochungs-

Flusseisen.   Blech

Proto-koll No.	Be-lastung $P, t.$	Querschnittsgrössen der Lochnaht		F cm^2	Zug-festigkeit der Lochnaht t pro cm^2	Bemerkungen
		Breite b cm	Dicke c cm			
A. Löcher gebohrt.						
452	0,00	3,44	0,9	3,10	—	**Probe**, sign. II. A. B₁; Lochwandungen tadellos.
	14,75	t Bruch			4,76	**Bruchfläche**: homogen, sehnig, fehlerfrei.
453	0,00	3,46	0,89	3,08	—	**Probe**, sign. II. A. B₂; Lochwandungen tadellos.
	13,75	t Bruch			4,46	**Bruchfläche**: homogen, sehnig, fehlerfrei.
454	0,00	3,44	0,92	3,16	—	**Probe**, sign. II. A. B₃; Lochwandungen tadellos.
	15,10	t Bruch			4,78	**Bruchfläche**: homogen, sehnig, fehlerfrei.
A. Löcher gestanzt.						
455	0,00	3,45	0,93	3,21	—	**Probe**, sign. II. A. S₁; Lochwandungen ziemlich glatt.
	10,50				3,28	Unter lebhaftem Knall wird die Lochnaht an beiden Lochleibungen anrissig.
	16,63	t Bruch			3,31	**Bruchfläche**: sehnig, an den Lochwandungen körnig.
456	0,00	3,45	0,90	3,11	—	**Probe**, sign. II. A. S₂; Lochwandungen ziemlich glatt.
	10,25				3,30	Unter lebhaftem Knall wird die Lochnaht an einer Lochleibung anrissig.
	11,63	t Bruch			3,74	**Bruchfläche**: sehnig, an einer Lochwand körnig.
457	0,00	3,47	0,92	3,19	—	**Probe**, sign. II. A. S₃; Lochwandungen schwach schiefrig.
	10,50				3,29	Unter lebhaftem Knall wird Lochnaht an beiden Lochleibungen anrissig; sodann erfolgt allmälig Bruch.
	10,50	t Bruch			3,29	**Bruchfläche** wie bei No. 455.

proben.

Nr. 2 (50,0 : 0,9 %m).

Nr. 14.

S c h w e i s s e i s e n.

Proto-koll No.	Be-lastung P. t.	Querschnittsgrössen der Lochnaht		Zug-festigkeit der Lochnaht t pro cm²	Bemerkungen
		Breite b cm	Dicke c cm	F cm²	

B. Löcher gebohrt.

458	0,00	3,39	0,9	3,05	—	**Probe**, sign. II. F. B₁; Lochwandungen tadellos.
	9,88	t Bruch			3,34	Bruchfläche: kurzsehnig, zeigt Schweissnähte.
459	0,00	3,40	0,9	3,06	—	**Probe**, sign. II. F. B₂; Lochwandungen tadellos.
	9,75	t Bruch			3,19	Bruchfläche: kurzsehnig, zeigt Schweissnähte.
460	0,00	3,44	0,9	3,10	—	**Probe**, sign. II. F. B₃; Lochwandungen tadellos.
	9,88	t Bruch			3,19	**Bruchfläche**: kurzsehnig, zeigt Schweissnähte.

B. Löcher gestanzt.

461	0,00	3,47	0,88	3,05	—	Probe, sign. II. F. S₁; Lochwandungen schiefrig.
	8,38	t Bruch			2,75	**Bruchfläche**: kurzsehnig; zeigt Spuren der Stanzwirkung.
462	0,00	3,52	0,89	3,13	—	**Probe**, sign. II. F. S₂; Lochwandungen schiefrig.
	9,00	t Bruch			2,88	**Bruchfläche**: kurzsehnig; zeigt Spuren von Stanzwirkung.
463	0,00	3,51	0,89	3,12	—	**Probe**, sign. II. F. S₃; Lochwandungen schiefrig.
	8,50	t Bruch			2,72	Bruchfläche: kurzsehnig; zeigt Schweissnähte.

4

i. Die Druck- und Knickungsproben.

Die Gesetze der Druckfestigkeit des schmiedbaren Constructionseisens näher zu präcisiren und damit einen Beitrag zur
Abklärung eines der wundesten und wichtigsten Gebiete der an-
gewandten Elasticitäts- und Festigkeitslehre zu liefern, bezwecken
die zu beschreibenden Druck- und Knickungsversuche. Obschon,
Dank dem Opfersinne der HH. de Wendel, an Rundstäben,
einfachen und durch Nietung zusammengesetzten Formeisenstäben
303 Druckversuche ausgeführt und protokollirt werden konnten,
schien es behufs Ergänzung und Controle der gewonnenen
Resultate dennoch geboten, die Untersuchung weiter auszudehnen
und insbesondere auch Materialien anderer Werke ähnlichen
Versuchen zu unterwerfen. Dies ist denn auch geschehen und
treten zu vorstehend angeführten 303 Druckversuchen weitere 162
Ergänzungs- und Controlproben hinzu, die des Zusammenhangs
wegen gemeinsam mit den Ergebnissen der Untersuchungen des
Wendel-Eisen's zusammengestellt und abgewickelt werden
sollen.

Bevor wir auf die Ausführung der Druckversuche eintreten,
sei gestattet in aller Kürze das Wesen der Druckfestigkeit des
schmiedbaren Constructionseisens zu beleuchten, also die Anschauungen des Berichterstatters zu entwickeln, die der Ausführung
der fraglichen Versuche zu Grunde lagen.

Ueber die Definition und damit über die Methode der
Bestimmung der Druckfestigkeit gehen die Ansichten weit aus-
einander. Professor Bauschinger leitet die Druckfestigkeit
des Schmiedeeisens aus der Grenze des Tragvermögens kurzer
(Höhe = $2\frac{1}{2}$ bis 3 mal der kleinsten Querdimension) Profil-
eisenabschnitte ab, findet Zahlenwerthe die zwischen 3,20 und
5,50 t pro cm^2 schwanken und die lediglich die Zufälligkeiten
zum Ausdrucke bringen, welche den Zeitpunkt des Eintritts seitlicher Verbiegungen also den Verlust des Tragvermögens der
Profilabschnitte bestimmen. Kürzere oder etwas längere Form-
eisenabschnitte würden unzweifelhaft wesentlich abweichende

Zahlen als Grenzwerthe ihrer Tragfähigkeit, kürzere cylindrische Körper überhaupt keine branchbaren Resultate ergeben haben. Früher waren wir der Meinung (vergl. schweiz. Bauzeitung Bd. X, No. 16, vom Jahre 1887) und haben später auch andere Festigkeitstechniker ähnliche Anschauungen *) entwickelt, es sei die Stauchgrenze, bei welcher erhebliche Breitungen, Querverschiebungen des Materials auftreten, als Cohaesionsgrenze des schmiedbaren Eisen bei dessen Inanspruchnahme auf Druck, anzusehen. Eine nähere Ueberlegung belehrt indessen darüber, dass auch diese Auffassung nicht aufrecht zu erhalten sei und dass die Stauchgrenze (Stauchbeginn), ähnlich der Streck- und Biegegrenze lediglich blos eine nach Aussen meist ziemlich scharf ausgeprägte Zustandsänderung des Materials jenseits der Elasticitätsgrenze bedeutet, die unter Umständen zur Cohaesionsgrenze werden kann, diese jedoch nicht unbedingt sein muss. Während man bei Zugversuchen gewohnt ist, lange nach Ueberschreitung der Streckgrenze eine dritte, durch den Eintritt der lokalen Einschnürungen ausgeprägte Zustandsänderung des Materials zu beobachten, während bei Biegeversuchen jenseits der Bieggrenze eine Grenze beobachtet wird, bei welcher das Versuchsobjekt, sei es durch Bruch oder Eintritt der Bruchdehnung der gespannten Fasern, sei es zu Folge Verwindung sein Tragvermögen verliert, wurde bis anhin bei statischen Druckproben mit schmiedbarem Eisen eine dritte von der Form und den zufälligen Abmessungen mehr oder weniger unabhängige, die Cohaesionsgrenze des Materials bedeutende Zustandsänderung nicht beobachtet. Dies ist um so auffallender, als gerade das schmiedbare Constructionseisen in der Zug- und Biegeprobe völlig analoges Verhalten zeigt und ein zutreffender Grund für das Fehlen dieser 3. Zustandsänderung des Materials in der statischen Druckprobe sich von vorneherein gar nicht angeben lässt; auch sind wir der Ansicht, dass der Beginn des seitlichen Ausweichens nur bei spröden, harten Materialien, bei welchen eben Stauchgrenze und Druckfestigkeit zusammenfallen, die Cohaesionsgrenze auf Druck nach aussen zu kennzeichnen vermag.

----

*) z. B. Prof. C. Bach, in seiner „Elasticität und Festigkeit“, 1889, Seite 36.

Unsere Erfahrungen weisen daraufhin, dass in der That, ähnlich dem Verhalten des schmiedbaren Constructionseisens in der Zug- und Biegeprobe, dasselbe auch in der statischen Druckprobe 3 mehr oder weniger scharf gekennzeichnete Zustandsänderungen zeigt, von denen die erste an der sogenannten Elasticitäts- oder Proportionsgrenze, die zweite beim Stauchbeginn liegt und deren dritte als Cohaesionsgrenze anzusehen ist, über welche hinaus das Material in einen Zustand plastischer Deformabilität tritt; es zerfliesst, die Molekularreibung ist allmälig überwunden. Selbstredend bezieht sich dies lediglich auf reinen Druck also auf Prüfung kurzer und solcher Probekörper, deren Querschnittsform den Eintritt vorzeitiger Verbiegungen einzelner Theile ausschliesst; die Feststellung der Aenderung der Druckfestigkeit durch Einflüsse der Querschnittsform sowie der Einflüsse der Stablänge hat selbstredend Gegenstand besonderer Untersuchungen zu bilden. Dem entsprechend haben wir die Ausführung unserer Druckversuche in Hinsicht

a. auf die Bestimmung der Elasticitäts- und Festigkeitsversuche auf reinen Druck;

b. auf die Bestimmung der Aenderungen der Druckfestigkeit des schmiedbaren Constructionseisens bedingt durch Einflüsse der Stablänge und der Querschnittsform organisirt und abgewickelt.

Die Prüfung der Elasticität und Druckfestigkeit des Constructionseisens der IIII. de Wendel & Comp. wurde an blank abgeschlichteten, geraden Cylindern vorgenommen, die aus den gelieferten 1,5 m langen Rundeisenabschnitten, vergl. Seite 6, herausgearbeitet und deren Zugfestigkeitsverhältnisse vorangehend festgestellt worden sind.

Zur Messung der elastischen Verkürzungen diente nach wie vor Bauschinger's Spiegelapparat. Seine Befestigung forderte 15 bis 20 cm lange Cylinder, die bei einer Dicke von 2,78 bezw. 3,28 cm, ein Längenverhältniss gleich ca. 6 erhielten, somit zur Bestimmung der Druckfestigkeit nicht geeignet waren.

In der That konnten an diesen Cylindern nur die elastischen Verkürzungen, die Elasticitätsgrenze, sowie der Stauchbeginn bestimmt werden. Die Ueberschreitung der letzteren hatte stets eine Verbiegung der Cylinder zur Folge, welche, entsprechend gesteigert, schliesslich zum Herausspringen der Probekörper aus der Maschine führte.

Die Bestimmung der Cohaesionsgrenze als Fliessbeginn nach unserer Auffassung wurde an kurzen Cylindern, an Cylindern von 2,0 cm Durchmesser und 2,0 bis 2,5 cm Höhe ausgeführt. Die geringe Cylinderhöhe gestattet die Befestigung des Bauschinger'schen Spiegelapparats nicht und blieb nichts übrig, als für vorliegenden Zweck einen besonderen Messapparat zu erstellen und diesen wie Fig. 14 zeigt, auf die festen Druckplatten der Werder'schen Maschine zu befestigen. Die Einspannung der Cylinder geschah, vergl. Fig. 14, centrisch zwischen einseitig beweglich gelagerten, stählernen Druckplatten. Die Art der Einspannung der Versuchskörper und die Lagerung des Messapparats bringen es mit sich, dass die Messungsergebnisse mit etwelchen Fehlern behaftet sind. An verschiedenen blinden Versuchen konnten wir uns indessen überzeugen, dass besagte Fehler mit wachsender Belastung abnehmen und schon im Belastungsintervalle von 6 bis 8 t bei sorgfältiger Stellung und Fixirung der Druckplatten der Werdermaschine $^1/_{100}$ mm nicht überschreiten, somit den relativen Werth der Ablesungen — und auf diesen allein kommt es speziell hier an — sinnstörend nicht beeinflussen können.

Der Messapparat, welcher $^1/_{400}$ mm direkt abzulesen gestattet, ist im Wesentlichen dem Bauschinger'schen Fühlhebelapparate z. Bestimmung der Längenänderungen hydraulischer Bindemittel nachgebildet und besteht, wie dieser, aus einer Mikrometerschraube, an deren einem Ende die Messtrommel angebracht ist, während das andere, ebenflächig begrenzte Ende gegen das abgerundete Ende eines Hebels stösst und gestattet bei stets gleichem Drucke den am Obertheile des Apparats angebrachten Zeiger Null auf Null zu stellen.

Fig. 14.

Der Gang der Messung war kurz folgender: Nachdem
der Probekörper eingespannt war, erhielt derselbe eine Anfangs-
belastung von 5 *t* und konnte nach Einstellung des Zeigers die

Ausgangsablesung gemacht werden. Hierauf wurde zunächst 0,5 *t*-, später 1,0 *t*-weise die Belastung gesteigert. Man belastete die Wage der Werder'schen Maschine, brachte die Luftblase zum Einspielen und erhielt sie in dieser Lage genau eine halbe Minute (bei 1,0 *t* Belastung eine Minute) lang. Hierauf wurde der Fühlhebelapparat rasch Null auf Null eingestellt und abgelesen.

Mit Hülfe des vorstehend beschriebenen Apparats konnte der stets scharf ausgeprägte Stauchbeginn des Eisens bestimmt werden. Auch die dem Eintritt der Contraction bei Zugproben entsprechende Zustandsänderung des gedrückten Materials konnte in meisten Fällen an einem Sprunge der Zahlenreihen beobachtet werden, die an und für sich durch den Sprung, dann aber durch eine Aenderung im Verlaufe der Grössenzustände der nun folgenden Verkürzungen ausgeprägt und gekennzeichnet erscheint. Bis zum Eintritt des Stauchbeginns sind die Verkürzungen verschwindend klein; unser Apparat gibt diese nicht mehr an. An dieser Grenze treten beim Schweisseisen seltener, beim Flusseisen fast regelmässig erhebliche Verkürzungen auf. Sie wechseln der Grösse nach, können beim Stauchbeginn oder in dem darauffolgenden Belastungsintervalle Grössenwerthe annehmen, die bis an das Doppelte der nun folgenden Verkürzungen reichen. In der Regel, doch nicht immer, sind die Verkürzungen beim Stauchbeginn grösser als in den folgenden Belastungsintervallen. In solchen Fällen haben wir es mit einer „plötzlichen" Zustandsänderung zu thun, deren Analogen wir auch aus automatisch aufgenommenen Schaubildern von Zerreissproben her kennen.

Eine „plötzliche" Zustandsänderung scheint an der Cohaesionsgrenze ebenfalls einzutreten. Dafür spricht die beobachtete, sprungweise Aenderung der Verkürzungen an dieser Grenze, obschon diese der Natur der Sache nach niemals derart ausgesprochen sein kann, wie beim Stauchbeginn. Im Gegentheil, der Uebergang in den Zustand plastischer Deformabilität kann derart allmälig erfolgen, dass eine Zustandsänderung überhaupt nicht zu erkennen ist. Nicht selten und sodann in völliger Uebereinstimmung mit ähnlichen Erscheinungen an der Stauchgrenze, wird die ruckweise Zustandsänderung dadurch characterisirt, dass auf die Cohaesionsgrenze einige Belastungsintervalle mit gleichen, ausnahmsweise sogar mit geringern Verkürzungen folgen; vergl. die Protokoll-Ausfertigung auf Seite 52.

Zur Feststellung der Aenderungen der Druckfestigkeit des schmiedbaren Constructionseisens dienten die Knickungsversuche, welche wir in entsprechender Auswahl der massgebenden Längenverhältnisse und Querschnittsformen sowohl an einfachen als durch Nietung zusammengesetzten Stäben auszuführen Gelegenheit hatten. Bezüglich der genieteten Stäbe bleibt hier ergänzend nachzutragen, dass an diesen gleichzeitig auch der Einfluss der Verschwächung der Stabquerschnitte durch Nietlöcher, ferner der Einfluss der Nietstellung studirt werden sollte. Wir kehren auf diesen Gegenstand anlässlich der Zusammenstellung der gewonnenen Resultate zurück.

Zu sämmtlichen Knickungsproben diente die Werder'sche Festigkeitsmaschine. Ihre in Kugelschalen spielenden Druckplatten wurden vertikal gestellt und fixirt. Sie trugen centrisch befestigt, gusseiserne Platten, in deren Mitte gehärtete, stählerne, napfartig gehöhlte Cylinder eingelassen waren. Letztere bildeten die Lagerschalen der konischen, ebenfalls gehärteten Stahlspitzen, die auf die Mitte der Rückseiten der Druckplatten montirt wurden. Die Konicität dieser Stahlkegel betrug 114°; die äusserste Spitze derselben war abgerundet. Berücksichtigt man, dass die Lagerschalen der Spitzenkörner flach gehöhlt waren, die Contactfläche beider wenigstens anfänglich (später haben sich die Spitzen in die Schalen eingedrückt und mussten beide nachgeschliffen werden) nur wenige mm^2 betrug, so ist einleuchtend, dass unsere Versuchsstäbe als vollkommen beweglich gelagert anzusehen und ihre wirksamen Längen, gleich dem Abstande der Spitzenkörner, in die Rechnung einzuflechten waren. Die Versuchsstäbe wurden centrisch und horizontal in die Maschine eingelegt. Die kurzen Stäbe waren in der Mitte, die langen in den Dritteln mittelst Seilchen gefasst, welche über Rollen liefen und an ihren freien Enden Wagschalen trugen. Durch Belastung dieser Schalen konnte Fall für Fall das Biegungsmoment des Eigengewichts des

Probestabes aufgehoben werden. Die Belastung geschah anfänglich je nach Länge und Querschnittsgrösse des Stabes durch Auflegen von 5,0 bis 1,0 t; gegen das Ende des Versuchs wurde der Gewichtsatz auf ¼ bis ⅛ t abgemindert. Belastet wurde so oft die Libelle des Werder'schen Wagebalkens einspielte. Eine bestimmte Dauer der Krafteinwirkung konnte nicht eingehalten werden; ebenso musste auch von der Messung der Richtung und Grösse der Durchbiegung Abstand genommen werden. Die in nachstehenden Zusammenstellungen eingetragenen Biegungsrichtungen entsprechen den Erhebungen durch Visur längs den geknickten Stäben.

An die Prüfung der Widerstandsfähigkeit des schmiedbaren Constructionseisens auf centrischen Druck (reine Druck- und Knickungsproben) reiht sich die Untersuchung des Einflusses des excentrischen Kraftangriffs auf die Druck- bezw. Knickungsfestigkeit des Eisens an. Wir haben die Resultate der Prüfung dieses Einflusses in der Reihe unserer Zusammenstellungen der Versuchsergebnisse mit Formeisen unter dem selbstständigen Titel „Resultate der Prüfung der zusammengesetzten Normalfestigkeit" aufgeführt, wollen jedoch die Methode der Ausführung an die Beschreibung der centrischen Druckproben anschliessen, weil sie mit diesen im Grunde genommen identisch sind. In der That diente auch zur Vornahme der excentrischen Druckproben die mit den vorstehend beschriebenen, auf Spitzenkörnern gelagerten Druckplatten ausgerüstete Werder'sche Festigkeitsmaschine. Die Versuchsobjecte wurden also ebenfalls horizontal in die Maschine eingelegt und mussten ähnlich denjenigen der centrischen Beanspruchung ausbalanzirt werden. Die Versuchsausführung selbst entsprach in jeder Hinsicht derjenigen der centrischen Druckproben.

Die nachstehenden Protokoll-Ausfertigungen sollen einen Einblick in den Gang der Versuchsausführung gewähren und zur Begründung unserer Anschauungen über das Wesen des Stauchbeginns und der Druckfestigkeit des schmiedbaren Eisens dienen.

Bestimmung der Elasticitätscoefficienten auf Druck.

Flusseisen.

Versuchsobject: Cylinder; Durchmesser: 3,28 *cm*; Stab-Länge: 20,0 *cm*;

No. 15.   Querschnitt: 8,45 *cm²*.

Prot. No.	Be- lastung P in t	Quer- schnitts- Fläche F cm²	Mess- Länge l cm	Ver- kürzung $\Delta l \frac{cm}{1000}$	Differenz	Bemerkungen
127	0,00	8,45	14,91	0,00		**Rundstab** sign. A; entnommen einem 3,5 *cm*
	5,00			4.10	4,10	starken Rundeisen.
	0,00			0,00		**Staboberfläche:** blank abgedreht; fehler-
	5,00			4,08	4,08	frei.
	7,00			5,70	1,52	Stab sitzt zwischen auf Stahlspitzen be-
	9,00			7,33	1,63	weglich gelagerten Druckplatten der
	11,00			8,93	1,60	Werder-Maschine.
	0,00			0,00		
	11,00			8,92	8,92	Verkürzung pro 1,0 *t* : 0,81 $\frac{cm}{1000}$
	12,00			9,75	0,83	
	13,00			10,58	0,83	
	14,00			11,39	0,81	Mittlere, elastische Verkürzung pro 1.0 *t*
	15,00			12,23	0,84	Belastung:
	16,00			13,08	0,85	$\Delta l = 0,00082 \ cm.$
	17,00			13,90	0,82	**Elasticitätsmodul** . . $\varepsilon = 2156 \ t$ pro *cm²*
	18,00			14,70	0,80	**Elasticitätsgrenze** . $\gamma = 2,19$ „
	19,00	Elast. - Grenze		15,63	9,93	**Pressung an d. Grenze** des Tragvermögens $\varphi = 2,51$ „
	20,00			16,61	0,98	
	21,00			17,81	1,20	**Beschaffenheit** der Staboberfläche nach dem
	21,50	nicht mehr getragen; Waage fällt ziemlich plötzlich ab; Stab ist nahe der Mitte ge- knickt.				Versuch: tadellos.

Bestimmung der Elasticitätscoefficienten auf Druck.

Schweisseisen.

Versuchsobject: Cylinder; Durchmesser: 3,28 *cm*; Stablänge: 20,0 *cm*;

Querschnitt: 8,45 *cm²*. **No. 16.**

Prot. No.	Belastung P in t	Querschnitts-Fläche F cm²	Mess-Länge l cm	Verkürzung $\Delta l \frac{cm}{1000}$	Differenz	Bemerkungen
129	0,00	8,45	14,95	0,00		**Rundstab** sign. F ; entnommen einem 3,5 *cm*
	5,00			4,60	4,60	starken Rundeisen.
	0,00			0,00		**Staboberfläche:** blank;
	5,00			4,64	4,64	zeigt einige Schweissnähte.
	7,00			6,47	1,83	**Lagerung des Stabes** in der Maschine:
	9,00			8,28	1,81	wie vorher.
	11,00			10,11	1,83	
	0,00			0,04		
	11,00			10,13	10,07	Verkürzung pro 1,0 *t* : 0,916 $\frac{cm}{1000}$
	12,00			11,05	0,92	
	13,00	Elast.-		11,98	0,93	
	14,00	Grenze		12,96	0,98	
	15,00			13,97	1,01	**Mittlere, elastische** Verkürzung pro 1,0 *t*
	16,00			15,00	1,03	Belastung:
	17,00			16,21	1,21	$\Delta l = 0,00092\ cm.$
	18,00			17,59	1,38	**Elasticitätsmodul** . . $\varepsilon = 1923\ t$ pro *cm²*
	19,00			19,05	1,46	**Elasticitätsgrenze** . $\gamma = 1,66$ „
	20,00					**Pressung an d. Grenze**
		Skala passirt d. Gesichtsfeld; Wage fällt ziemlich plötzlich ab; Stab knickt in der Mitte.				des Tragvermögens $\varrho = 2,36$ „
						Beschaffenheit der Staboberfläche nach dem Versuch: tadellos.

Bestimmung des Stauchbeginns und der Druckfestigkeit.

Flusseisen von de Wendel & Comp.

Versuchsobject: Cylinder; Durchmesser: 2,00 cm; Höhe: 2,00 cm;

No. 17 Querschnitt: 3,14 cm².

Proto-koll No.	Be-lastung P in t	Quer-schnitts-Fläche F cm²	Mess-Länge l cm	Ab-lesung cm/400	Differenz absolut	Differenz pro $^1/_8$ l	Bemerkungen
1083	0,00	3,14	2,00	20,2			**Cylinder** sign. A₁; entnommen einem
	5,00			20,2	0,0		5,0 cm starken Rundeisen.
	6,00			20,3	0,1	0,05	**Cylinderoberfläche:** blank, fehlerfrei.
	7,00	— Stauchbeg. —		20,3	0,0	0,00	
	50			21,5	1,2	1,20	
	8,00			26,3	4,8	4,80	
	50			30,0	3,7	3,70	
	9,00			33,4	3,4	3,40	
	10,00			40,6	7,2	3,60	
	11,00			47,6	7,0	3,50	
	12,00			54,8	7,2	3,60	
	50	Ausgesprochene Zustands-änderung		58,8	4,0	4,00	
	13,00	Druckfestigkeit		63,7	4,9	4,90	
	14,00			73,9	10,2	5,10	
	15,00			84,5	10,6	5,30	
	16,00			96,5	12,0	6,00	**Stauchbeginn:** $\sigma = 2{,}31$ t pro cm²
	17,00			109,3	12,8	6,40	**Druckfestigkeit:** $\beta = 3{,}98$ „ „
	18,00			121,5	12,2	6,10	**Verkürzung:** bei 3,98 t pro cm
	19,00			134,5	13,0	6,50	$\Delta l = 0{,}096$ cm
	20,00	t vollkommen getragen.		148,1	13,6	6,40	oder $\lambda = 4{,}8$ %.

Versuch wird unterbrochen; der regel-mässig, fassförmig gestauchte Körper wird vollkommen intakt ausrangirt.

Bestimmung des Stauchbeginns und der Druckfestigkeit.

Flusseisen von de Wendel & Comp.

Versuchsobjekt: Cylinder; Durchmesser: 2,00 cm; Höhe: 2,00 cm;

Querschnitt: 3,14 cm². **Nr. 18.**

Protokoll No.	Belastung P in t	Querschnitts-Fläche F cm²	Mess-Länge l cm	Ablesung $\frac{cm}{400}$	Differenz absolut	Differenz pro ½ t	Bemerkungen
1084	0,00	3,14	2,00	24,4			Cylinder, sign. A₃; entnommen einem
					0,0	0,00	4,5 cm starken Rundeisen.
	5,00			24,4			
					0,0	0,00	**Cylinderoberfläche:** blank, fehlerfrei.
	6,00			24,4			
					0,0	0,00	
	7,00			24,4			
		— Stauchbeg. —			1,6	1,60	
	8,00			26,0			
					3,9	1,95	
	9,00			29,9			
					5,2	2,60	
	10,00			35,1			
					6,7	3,35	
	11,00			41,8			
					6,8	3,40	
	12,00			48,6			
					4,7	2,35	
	13,00			53,3			} Im Mittel: 30,25.
		Ausgesprochene			7,4	3,70	
	14,00	Zustands-änderung		60,7			
					11,7	5,85	
	15,00	Druckfestigkeit		72,4			Stauchbeginn $\sigma = 2,39\ t$ pro cm^2
					12,0	6,00	
	16,00			84,4			**Druckfestigkeit:** $\beta = 4,45$ „ „
					12,5	6,25	Verkürzung bei 4,45 t pro cm^2:
	17,00			96,9			$\varDelta l = 0,091\ cm$
					39,9	6,65	oder $\lambda = 4,6\ \%$.
	20,00			136,8			
					71,3	7,13	
	25,00			208,1			
					71,1	7,11	
	30,00			279,2			
					60,9	6,09	
	35,00			340,1			
					44,0	4,40	
	40,00	t vollkommen getragen		384,1			

Bei 40,0 t wird der Versuch unterbrochen und der regelmässig gestauchte Versuchskörper vollkommen intakt ausrangirt.

Bestimmung des Stauchbeginns und der Druckfestigkeit.

Schweisseisen von de Wendel & Comp.

Versuchsobjekt: Cylinder; Durchmesser: $2{,}00$ cm; Höhe: $2{,}00$ cm;

No. 19.   Querschnitt: $3{,}14$ cm^2.

Proto-koll No.	Be-lastung P in t	Quer-schnitts-Fläche F cm^2	Mess-Länge l cm	Ab-lesung $\frac{cm}{400}$	Differenz absolut	Differenz pro % t	Bemerkungen
1085	0,00	3,14	2,00	18,8			Cylinder, sign. A5; entnommen einem
	5,00			18,8	0,0	0,00	4,0 cm starken Rundeisen.
	6,00			18,8	0,0	0,00	**Cylinderoberfläche**: blank, fehlerfrei.
	7,00			18,8	0,0	0,00	
	8,00	—Stauchbeg.—		20,0	1,2	0,60	
	9,00			29,0	9,0	4,50	
	10,00			34,5	5,5	2,75	⎫
	11,00	Keine scharf	42,7		8,2	4,10	⎬ Im Mittel: 3,43.
	12,00	ausgesprochene	50,0		7,3	3,65	⎭
	13,00	Zustands-änderung	59,5		9,5	4,75	
	14,00	(Druckfestigkeit.)	67,0		7,5	3,75	⎫
	15,00			78,7	11,7	5,85	⎬ Im Mittel: 4,80.
	20,00			136,6	57,9	5,79	⎭
	25,00			206,1	69,5	6,95	
	30,00			273,1	67,0	6,70	
	35,00			330,0	56,9	5,69	**Stauchbeginn:** $\sigma = 2{,}38\,t$ pro cm^2
	40,00			375,3	45,3	4,53	**Druckfestigkeit:** $\beta = 4{,}00$ „ „ „
	45,00			413,3	38,0	3,80	**Verkürzung** bei $4{,}45\,t$ pro cm^2:
	50,00	t vollkommen getragen.		444,3	30,7	3,07	$\Delta l = 0{,}09\,cm$ oder $\lambda = 4{,}5$ %.

Versuch wird unterbrochen; Probe-körper ist plattenförmig gestaucht, da-bei vollkommen intakt.

Bestimmung des Stauchbeginns und der Druckfestigkeit.

Flusseisen von de Wendel & Comp.

Versuchsobjekt: Cylinder; Durchmesser: $2_{,00}$ cm; Höhe: $2_{,00}$ cm;

Querschnitt: $3_{,14}$ cm². **Nr. 20.**

Protokoll No.	Belastung P in t	Querschnitts-Fläche F cm²	Mess-Länge l cm.	Ablesung $\frac{cm}{400}$	Differenz absolut	Differenz pro ½ t	Bemerkungen
1086	0,00	3,14	2,00	28,8			Cylinder, sign. A7; entnommen einem
	5,00			28,8	0,0	—	3,5 cm starken Rundeisen.
	6,00			28,9	0,1	0,10	
	7,00			28,9	0,0	0,00	Cylinderoberfläche: blank, fehlerfrei.
	7,50	— Stauchbeg. —		29,2	0,3	0,30	
	8,00			31,1	1,9	1,90	
	8,50			33,9	2,8	2,80	
	9,00			37,2	3,3	3,30	
	10,00			43,8	6,6	3,30	
	11,00			50,4	6,6	3,80	
	12,00			57,8	7,4	3,70	Stauchbeginn: $\sigma = 2_{,38}$ t pro cm²
	12,50			61,4	3,6	3,60	Druckfestigkeit: $\beta = 4_{,22}$ „ „
	13,00	Ausgesprochene Zustands-änderung (Druckfestigkeit)		65,1	3,7	3,70	Verkürzung bei $4_{,22}$ t pro cm²:
	13,50			70,1	5,0	5,00	$\Delta l = 0_{,097}$ m
	14,00			75,9	5,8	5,80	oder $\lambda = 4_{,9}$ %
	16,00			95,9	20,0	5,00	
	18,00			118,9	23,0	5,75	
	20,00	Maximum der Compressibilität		143,0	24,1	6,00	
	25,00			209,2	66,2	6,60	Bei $40_{,0}$t, d. h. $12_{,73}$t pro cm² urspr.
	30,00			274,2	65,0	6,50	Cylinderquerschnitt wurde der Versuch unterbrochen und der regel-
	35,00			332,1	57,9	5,80	mässig fassförmig gestauchte Körper
	40,00	t vollkommen getragen.		378,2	46,1	4,60	intakt aus der Maschine gehoben.

Bestimmung des Stauchbeginns und der Druckfestigkeit.

Flusseisen von de Wendel & Comp.

Versuchsobject: Cylinder; Durchmesser: 2,00 cm; Höhe: 2,00 cm;

No. 21.   Querschnitt: 3,14 cm.

Protokoll No.	Belastung P in t	Querschnitts-Fläche F cm²	Mess-Länge l cm	Ablesung cm/400	Differenz absolut	Differenz pro 1/2 t	Bemerkungen
1087	0,00	3,14	2,00	33,1			Cylinder sign. A₈; entnommen einem
	5,00			33,1	0,0	0,00	3,0 cm starken Rundeisen.
	6,00			33,1	0,0	0,00	Cylinderoberfläche: blank, fehlerfrei.
	7,00			33,1	0,0	0,00	
	5o	— Stauchbeg. —		34,6	1,5	1,50	
	8,00			35,2	0,6	0,60	} Im Mittel: 2,38.
	9,00			43,5	8,3	4,15	
	10,00			49,0	5,5	2,75	} Im Mittel: 3,47
	11,00			57,4	8,4	4,20	
	5o	Ausgesprochene		60,7	3,3	3,30	
	12,00	Zustands- — änderung —		66,0	5,3	5,30	
	5o	(Druckfestigkeit)		71,5	5,5	5,50	
	13,00			76,1	4,5	4,50	
	14,00			85,6	9,5	4,75	
	15,00			96,1	10,5	5,25	
	16,00	•		108,3	12,2	6,10	**Stauchbeginn:** $\sigma = 2,31$ t pro cm²
	18,00			133,3	25,0	6,25	**Druckfestigkeit:** $\beta = 3,74$ „ „ „
	20,00			160,2	26,9	6,72	**Verkürzung** bei 3,74 t pro cm:

22,00   l   Versuch wird unterbrochen, Probekörper beginnt sich einseitig zu stauchen und zu verbiegen.

$\Delta l = 0,076$ cm
oder $\lambda = 3,8$ [5]/₀.

Bestimmung des Stauchbeginns und der Druckfestigkeit.

Schweisseisen von de Wendel & Comp.

Versuchsobjekt: Cylinder; Durchmesser: $2{,}00$ cm; Höhe: $2{,}00$ cm;

Querschnitt: $3{,}14$ cm². **No. 22.**

Protokoll No.	Belastung P in t	Querschnitts-Fläche F cm²	Mess-Länge l cm	Ablesung $\frac{cm}{400}$	Differenz absolut	Differenz pro 1/2 t	Bemerkungen
1085	0,00	3,14	2,00	32,1			**Cylinder**, sign. F₂; entnommen einem 5,0 cm starken Rundeisen.
	5,00			32,1	0,0		
	6,00			32,1	0,0		
		—Stauchbeg.—			0,8	0,80	**Oberfläche** d. Versuchskörpers: blank, zeigt Spuren von Schweissnähten.
	6,50			32,9			
	7,00			33,3	0,4	0,40	
	7,50			34,0	0,7	0,70	
	8,00			34,7	0,7	0,70	
	9,00	**Keine scharf**	38,2	3,5	1,75		
	10,00	ausgesprochene	41,8	3,6	1,80		
	11,00	Zustands-änderung	47,3	5,5	2,75		Die muthmassliche Festigkeitsgrenze auf Druck liegt bei c. 10,75 t.
	11,50	(Druckfestigkeit.)	50,4	3,1	3,10		
	12,00			53,3	2,9	2,90	
	12,50			57,9	4,6	4,60	Im Mittel: 3,75.
	13,00			62,6	4,7	4,70	
	14,00			73,5	10,9	5,45	**Stauchbeginn:** $\sigma = 1{,}99\,t$ pro cm²
	15,00			85,5	12,0	6,00	**Druckfestigkeit:** $\beta = 3{,}43$ „ „ „
	16,00			98,8	12,7	6,35	**Verkürzung** bei 3,43 t pro cm²:
	18,00			128,7	29,9	7,48	$\Delta l = 0{,}035\,cm$
	20,00	t vollkommen getragen.	158,7	30,0	7,50		oder $\lambda = 1{,}8\,\%$.

Versuch wird unterbrochen; der regelmässig, fassförmig gestauchte Körper zeigt den Beginn des Oeffnens von Schweissnähten.

Bestimmung des Stauchbeginns und der Druckfestigkeit.

Schweisseisen von de Wendel & Comp.

Versuchsobjekt: Cylinder; Durchmesser: 2,00 cm; Höhe: 2,00 cm;

Nr. 23.   Querschnitt: 3,14 cm^2.

Proto-koll No.	Be-lastung P in t	Quer-schnitts-Fläche F cm^2	Mess-Länge l cm.	Ab-lesung $\frac{cm}{400}$	Differenz absolut	Differenz pro ½ t	Bemerkungen
1079	0,00			17,2			**Cylinder**, sign. F4; entnommen einem
					0,0	0,00	4,5 cm starken Rundeisen.
	5,00			17,2			
					0,0	0,00	
	6,00			17,2			**Oberfläche** d. Versuchsobjekts: blank,
					0,0	0,00	zeigt Spuren von Schweissnähten.
	6,50			17,2			
					0,5	0,50	
	7,00	— Stauchbeg. —		17,7			
					1,4	0,70	
	8,00			19,1			
					2,2	1,10	
	9,00			21,3			
					3,3	1,65	
	10,00			24,6			
					3,2	1,60	
	11,00	Ausgesprochene Zustands-änderung		27,8			
					4,7	2,70	
	11,50	(Druckfestigkeit)		32,5			
					4,4	4,40	
	12,00			36,9			
					8,5	4,25	
	13,00			45,4			**Stauchbeginn:** $\alpha = 2{,}15\ t$ pro cm^2
					11,6	5,80	**Druckfestigkeit:** $\beta = 3{,}30$ „ „ „
	14,00			57,0			**Verkürzung** bei 3,30 t pro cm^2:
					12,4	6,20	$\Delta l = 0{,}032\ cm$
	15,00			69,4			oder $\lambda = 1{,}6\ \%$
					13,8	6,90	
	16,00			83,2			
					31,6	7,90	
	18,00			114,8			
					32,2	8,05	
	20,00	t vollkommen getragen.		147,0			

Versuch wird unterbrochen; der regelmässig. fassförmig gestauchte Körper zeigt den Beginn des Oeffnens von Schweissnähten.

Bestimmung des **Stauchbeginns** und der **Druckfestigkeit**.

Schweisseisen von de Wendel & Comp.

Versuchsobject: Cylinder; Durchmesser: $2{,}_{00}$ cm; Höhe: $2{,}_{00}$ cm;

Querschnitt: $3{,}_{14}$ cm. **No. 24.**

Proto-koll No.	Be-lastung P in t	Quer-schnitts-Fläche F cm²	Mess-Länge l cm	Ab-lesung cm 400	Differenz absolut	Differenz pro ¹/₂ t	Bemerkungen
1080	$0{,}_{00}$	$3{,}_{14}$	$2{,}_{00}$	$04{,}_{7}$			**Cylinder** sign. F₆; entnommen einem
					$0{,}_{0}$	$0{,}_{00}$	$4{,}_{0}$ cm starken Rundeisen.
	$5{,}_{00}$			$04{,}_{7}$			
					$0{,}_{1}$	$0{,}_{05}$	**Oberfläche** d. Versuchsobjekts: blank,
	$6{,}_{00}$			$04{,}_{8}$			
					$0{,}_{2}$	$0{,}_{20}$	zeigt Spuren von Schweissnähten.
	$6{,}_{50}$			$05{,}_{0}$			
		— Stauchbeg. —			$0{,}_{8}$	$0{,}_{80}$	
	$7{,}_{00}$			$05{,}_{9}$			
					$1{,}_{6}$	$0{,}_{80}$	
	$8{,}_{00}$			$07{,}_{4}$			
					$2{,}_{2}$	$1{,}_{10}$	
	$9{,}_{00}$			$09{,}_{6}$			
					$4{,}_{2}$	$2{,}_{10}$	
	$10{,}_{00}$			$13{,}_{8}$			
					$2{,}_{3}$	$2{,}_{30}$	
	$10{,}_{50}$			$16{,}_{1}$			
		Ausgesprochene Zustands- änderung (Druckfestigkeit)			$2{,}_{2}$	$2{,}_{20}$	
	$11{,}_{00}$			$18{,}_{3}$			
					$3{,}_{2}$	$3{,}_{20}$	
	$11{,}_{50}$			$21{,}_{5}$			
					$4{,}_{0}$	$4{,}_{00}$	
	$12{,}_{00}$			$25{,}_{5}$			
					$9{,}_{8}$	$4{,}_{90}$	
	$13{,}_{00}$			$35{,}_{3}$			
					$11{,}_{1}$	$5{,}_{55}$	
	$14{,}_{00}$			$46{,}_{4}$			
					$13{,}_{2}$	$6{,}_{60}$	
	$15{,}_{00}$			$59{,}_{6}$			Stauchbeginn: $\sigma = 2{,}_{15}\, t$ pro cm^2
					$12{,}_{3}$	$6{,}_{15}$	
	$16{,}_{00}$			$71{,}_{9}$			Druckfestigkeit: $\beta = 3{,}_{59}$ „ „ „
					$30{,}_{7}$	$7{,}_{67}$	**Verkürzung** bei $3{,}_{59}\, t$ pro cm^2:
	$18{,}_{00}$			$102{,}_{6}$			$\Delta l = 0{,}_{038}$ cm
					$31{,}_{0}$	$7{,}_{75}$	
	$20{,}_{00}$	t vollkommen getragen		$133{,}_{6}$			oder $\lambda = 1{,}_{9}$ °/₀.

Versuch wird unterbrochen; der regelmässig, fassförmig gestauchte **Körper**
zeigt den Beginn des Oeffnens von
Schweissnähten.

Bestimmung des Stauchbeginns und der Druckfestigkeit.

Flusseisen von de Wendel & Comp.

Versuchsobjekt: Cylinder; Durchmesser: $2,_{00}$ cm; Höhe: $2,_{00}$ cm;

Nr. 25.   Querschnitt: $3,_{14}$ cm².

Proto-koll No.	Be-lastung P in t	Quer-schnitts-Fläche F cm²	Mess-Länge l cm	Ab-lesung cm 100	Differenz absolut	Differenz pro ½ t	Bemerkungen
1081	0,00	3,14	2,00	02,8			**Cylinder,** sign. Fs; entnommen einem
	5,00			02,8	0,0		3,5 cm starken Rundeisen.
	6,00			02,6	- 0,2	—0,10	**Oberfläche** d. Versuchsobjektes: blank,
	7,00			02,6	0,0	0,00	zeigt Spuren von Schweissnähten.
	7,50	— Stauchbeg. —		03,2	0,6	0,60	
	8,00			04,2	1,0	1,00	
	9,00			06,5	2,3	1,15	
	10,00			09,2	2,7	1,35	
	10,50			11,4	2,2	2,20	
	11,00			13,9	2,5	2,50	
	11,50	Ausgesprochene Zustands-änderung	16,1		2,2	2,20	
	12,00	(Druckfestigkeit)	19,3		3,2	3,20	
	13,00			27,0	7,7	3,85	
	14,00			38,4	11,4	5,70	
	15,00			50,9	12,5	6,25	**Stauchbeginn:** $\sigma = 2,_{31}$ t pro cm²
	16,00			66,4	15,5	7,75	**Druckfestigkeit:** $\beta = 3,_{74}$ „ „
	18,00			96,4	30,0	7,50	**Verkürzung** bei $3,_{74}$ t pro cm²:
	20,00	t vollkommen getragen	126,5		30,1	7,52	$\varDelta l = 0,_{044}$ cm
							oder $\lambda = 2,_2$ %.

Versuch wird unterbrochen; der regelmässig, fassförmig gestauchte Körper zeigt
den Beginn des Oeffnens von Schweissnähten.

Bestimmung des Stauchbeginns und der Druckfestigkeit.

Schweisseisen von de Wendel et Comp.

Versuchsobject: Cylinder; Durchmesser: 2,oo *cm*; Höhe: 2,oo *cm*;

Querschnitt: 3,14 *cm²*.   **No. 26.**

Proto-koll No.	Be-lastung P in t	Quer-schnitts-Fläche F cm^2	Mess-Länge l cm	Ab-lesung $\frac{cm}{400}$	Differenz absolut	Differenz pro $1/2$ t	Bemerkungen
1082	0,00	3,14	2,00	39,1			**Cylinder**, sign. F10; entnommen einem
					0,0	0,00	3,0 *cm* starken Rundeisen.
	5,05			39,1			
					0,0	0,00	
	5,50			39,1			
					0,0	0,00	
	6,00			39,1			Cylinderoberfläche: blank; zeigt Spu-
					0,0	0,00	ren von Schweissnähten.
	6,50	— Stauchbeg. —		39,1			
					0,5	0,50	
	7,00			39,1			
					1,2	1,20	
	7,50			40,8			
					1,3	1,30	
	8,00			42,1			
					1,6	1,80	
	8,50			43,9			} Im Mittel: 1,35.
					0,9	0,90	
	9,00			44,8			
					1,5	1,50	
	9,50			46,3			
					2,4	2,40	
	10,00			48,7			} Im Mittel: 1,90.
					1,4	1,40	
	10,50			50,1			
					2,1	2,10	
	11,00	Ausgesprochene Zustands-		52,2			Stauchbeginn: $\sigma = 2,15$ t pro cm^2
		—Aenderung—			3,3	3,30	Druckfestigkeit: $\beta = 3,50$ „ „ „
	11,50	(Druckfestigkeit.)		55,5			Verkürzung bei 3,50 t pro cm^2:
					3,3	3,30	$\Delta l = 0,037$ *cm*
	12,00			58,8			oder $\lambda = 1,9$ %.
					8,1	4,10	
	13,00			66,9			
					10,7	5,30	
	14,00			77,6			
					10,8	5,40	
	15,00			88,4			
					14,5	7,30	Bei 20 t wird der Versuch unter-
	16,00			102,9			brochen; der regelmässig, fassförmig
					31,1	7,70	gestauchte Körper zeigt den Beginn
	18,00			134,0			des Oeffnens von Schweissnähten.
					34,2	8,60	
	20,00	t vollkommen getragen.		168,2			

Bestimmung des Stauchbeginns und der Druckfestigkeit.

Kesselblech; Flusseisen von St. Etienne.*)

Versuchsobject: Prisma: Querschnittsabmessungen $1{,}93 \times 1{,}94 \ cm$.

No. 27.

Proto-koll No.	Be-lastung P in t	Quer-schnitts-Fläche F cm^2	Mess-Länge l cm	Ab-lesung $\frac{cm}{400}$	Differenz		Bemerkungen
					absolut	pro $\frac{1}{2} t$	
1	0,00	3,74	2,16	12,1			Prisma, sign. L 4; trägt auf 2 gegen-
	5,00			12,1	0,0		überliegenden Breitseiten die ur-
	6,00			12,1	0,0		sprüngliche Walzhaut.
	7,00			12,2	0,1	0,05	
	8,00			12,4	0,2	0,10	
	9,00	— Stauchbeg. —		13,9	1,5	0,75	
	10,00			27,1	13,2	6,60	
	11,00			34,3	7,2	3,60	Im Intervalle zwischen 8,0 und 8,25 t
	12,00			41,4	7,1	3,55	treten d. ersten Spuren d. Stauchung
	13,00			48,4	7,0	3,50	auf.
	13,50			52,2	3,8	3,80	
	14,00	Ausgesprochene Zustands- änderung		55,9	3,7	3,70	
	14,50	(Druckfestigkeit)		60,4	4,5	4,50	Stauchbeginn: $\sigma = 2{,}27 \ t$ pro cm^2
	15,00			64,9	4,5	4,50	Druckfestigkeit: $\beta = 3{,}81$ „ „
	16,00	t vollkommen getragen.		75,1	10,2	5,10	Verkürzung bei 3,81 t pro cm:

$$\varDelta l = 0{,}115 \ cm$$

oder $\lambda = 5{,}3 \ \%$.

Bei 26,0 t wird der Versuch unterbrochen; der regelmässig gestauchte (aus-
gebauchte) Probekörper wird vollkommen
intakt ausraugirt.

*) Das Flusseisen v. St. Etienne besitzt
im Mittel aus 4 Versuchen:

eine Streckgrenze: $\sigma_z = 2{,}41 \ t$ p. cm^2

eine Zugfestigkeit: $\beta_z = 3{,}71$ „ „

Bestimmung des Stauchbeginns und der Druckfestigkeit.

Kesselblech; Flusseisen von St. Etienne.*)

Versuchsobject: Prisma; Querschnittsabmessungen: $1{,}92 \times 1{,}94$ cm.

No. 28.

Protokoll No.	Belastung P in t	Querschnitts-Fläche F cm²	Mess-Länge l cm	Ablesung $\frac{cm}{400}$	Differenz		Bemerkungen
					absolut	pro ¹/₂ t	
2	0,00	3,72	2,44	2,2			Prisma, sign. L.₁.; trägt auf 2 gegen-
	5,00			2,2	0,0	0,00	überliegenden Breitseiten die ur-
	6,00			2,2	0,0	0,00	sprüngliche Walzhaut.
	7,00			2,3	0,1	0,05	
	8,00			2,3	0,0	0,00	
	9,00	— Stauchbeg. —		4,1	1,8	0,90	
	10,00			13,1	9,0	4,50	
	11,00			20,3	7,2	3,60	
	12,00			27,3	7,0	3,50	
	13,00	Ausgesprochene Zustands-änderung (Druckfestigkeit)		34,4	7,1	3,55	
	14,00			42,9	8,5	4,25	Stauchbeginn: $\sigma = 2{,}28$ t pro cm²
	15,00			52,1	9,2	4,60	Druckfestigkeit: $\beta = 3{,}63$ „ „
	16,00			62,4	10,3	5,15	Verkürzung bei 3,63 t pro cm²:
	17,00			73,1	10,7	5,35	$\Delta l = 0{,}091$ cm
	18,00			84,9	11,8	5,90	$\lambda = 3{,}7$ %.
	19,00			97,2	12,3	6,15	
	20,00	t vollkommen getragen		110,5	13,3	6,65	

Bei 20,0 t wird der Versuch unterbrochen; der regelmässig gestauchte (aus-
gebauchte) Probekörper wird vollkommen
intakt ausrangirt.

Bestimmung des Stauchbeginns und der Druckfestigkeit.

Kesselblech; Flusseisen von St. Etienne.

Versuchsobject: Prisma;   Querschnittsabmessungen: $1{,}89 \times 1{,}96\ cm$.

No. 29.

Proto-koll No.	Be-lastung P in t	Quer-schnitts-Fläche F cm^2	Mess-Länge l cm	Ab-lesung cm 400	Differenz absolut	Differenz pro $\frac{1}{2}t$	Bemerkungen
3	0,00	3,70	2,18	6,9			**Prisma**, sign. Q4; trägt auf 2 gegen-überliegenden Breitseiten die ur-sprüngliche Walzhaut.
	5,00			6,9	0,0	0,00	
	6,00			6,9	0,0	0,00	
	7,00			6,7	0,2	—0,10	Probe Q1 ist angeblich demselben Bleche entnommen als L4 und L4.
	8,00			6,7	0,1	0,00	
	9,00			6,6	—0,1	—0,05	
	10,00			6,6	0,0	0,00	
	11,00	— Stauchbeg. —		8,2	1,6	0,80	**Stauchbeginn** liegt zwischen 10 u. 10,5 t
	12,00			12,7	4,5	2,25	**Stauchbeginn:** $\sigma = 2{,}77$ t pro cm^2
	12,50			15,8	3,1	3,10	**Druckfestigkeit:** $\beta = 3{,}92$ „ „
	13,00			18,5	2,7	2,70	**Verkürzung:** bei $3{,}92$ t pro cm^2:
	13,50			21,9	3,4	3,40	$\varDelta l = 0{,}059\ cm$
	14,00	Ausgesprochene Zustands-änderung (Druckfestigkeit)		25,4	3,5	3,50	oder $\lambda = 2{,}7\ \%$.
	15,00			35,4	10,0	5,00	
	16,00			45,8	10,4	5,20	} Im Mittel: 11,8 d. h. pro $0{,}5$ t : $5{,}90$.
	17,00			59,0	13,2	6,60	
	18,00	t vollkommen getragen		71,4	12,4	6,20	

     Bei 18 t wird der Versuch unter-brochen; der regelmässig gestauchte (aus-gebauchte) Probekörper wird vollkommen intakt ausrangirt.

Bestimmung des Stauchbeginns und der Druckfestigkeit.

Kesselblech; Flusseisen von St. Etienne.*)

Versuchsobject: Prisma; Querschnittsabmessungen: $1{,}945 \times 1{,}91\ cm$.

No. 30.

Protokoll No.	Belastung P in t	Querschnitts-Fläche F cm^2	Mess-Länge l cm	Ablesung $\frac{cm}{400}$	Differenz absolut	Differenz pro $\frac{1}{2} t$	Bemerkungen
4	0,00	3,72	2,16	16,1			Prisma, sign. Q₄.; trägt auf 2 gegen-überliegenden Breitseiten die ur-sprüngliche Walzhaut.
	5,00			16,1	0,0	0,00	
	6,00			15,9	−0,2	−0,10	
	7,00			15,9	0,0	0,00	Probe Q₄. ist angeblich demselben Bleche entnommen als L₁ und L₁.
	8,00			16,0	0,1	0,05	
	9,00	— Stauchbeg. —		18,0	2,0	1,00	Stauchbeginn liegt zwischen 8,5 u. 9,0 t.
	10,00			30,9	12,9	6,45	
	11,00			38,0	7,1	3,55	
	12,00	Keine scharf		45,1	7,1	3,55	
	12,50	ausgesprochene		49,0	3,9	3,90	
	13,00	— Zustands-änderung —		53,6	4,6	4,60	
	13,50	(Druckfestigkeit)		57,4	3,8	3,80	
	14,00			61,5	4,1	4,10	Stauchbeginn: $\sigma = 2{,}35\ t$ pro cm^2
	15,00			70,7	9,2	4,60	Druckfestigkeit: $\beta = 3{,}45$ „ „
	16,00			81,3	10,6	5,30	Verkürzung bei $3{,}45\ t$ pro cm^2:
	17,00			92,4	11,1	5,55	$\varDelta l = 0{,}088\ cm$
	18,00	t vollkommen getragen		105,5	13,1	6,55	oder $\lambda = 3{,}2\ \%$.

Bei 18 t wird der Versuch unter-brochen; der regelmässig gestauchte (aus-gebauchte) Probekörper wird vollkommen intakt ausrangirt.

*) Im Mittel aus 4 Versuchen beträgt die **Streckgrenze** des Kesselbleches: $\sigma = 2{,}41\ t$ pro cm^2, die **Zugfestigkeit** $\beta = 3{,}71\ t$ pro cm^2.

Bestimmung des Stauchbeginns und der Druckfestigkeit.

Schweisseisen von Burbach.*)

Versuchsobjekt: Cylinder; Durchmesser: 2,00 cm; Höhe: 2,41 cm;

Nr. 31.

Protokoll No.	Belastung P in t	Querschnitts-Fläche F cm²	Mess-Länge l cm.	Ablesung cm/400	Differenz absolut	Differenz pro ½ t	Bemerkungen
1a	0,00	3,14	2,00	—			Cylinder, sign. 1 A.
	5,00			4,8			Cylinderoberfläche: blank, fehlerfrei.
					−0,6	−0,30	
	6,00			4,2			
					2,2	2,20	
	6,50	—Stauchbeg.—		6,4			
					1,6	1,60	
	7,00			8,0			
					1,6	1,60	
	7,50			9,6			
					1,6	1,60	
	8,00			11,2			
					1,8	1,80	
	8,50			13,0			
					2,2	2,20	
	9,00	Keine scharf ausgesprochene Zustands-änderung (Druckfestigkeit).		15,2			
					6,5	3,25	
	10,00			21,7			
					8,6	4,30	
	11,00			30,3			
					10,5	5,25	
	12,00			40,8			Stauchbeginn: $\sigma = 1{,}99$ t pro cm²
					12,1	6,05	Druckfestigkeit: $\beta = 3{,}31$ „ „ „
	13,00			52,9			Verkürzung bei 3,31 t pro cm²:
					13,7	6,85	
	14,00			66,6			$\Delta l = 0{,}061$ cm
					15,1	7,55	oder $\lambda = 2{,}7$ %
	15,00			81,7			
					16,2	8,10	
	16,00	t vollkommen getragen.		97,9			

Bei 16,0 t wird der Versuch unterbrochen und der regelmässig, fassförmig gestauchte Probekörper vollkommen intakt ausrangirt.

*) Im Mittel aus 3 Versuchen beträgt die **Streckgrenze** dieses Materials:
$\sigma = 2{,}34$ t pro cm²,
die **Zugfestigkeit** $\beta = 3{,}60$ t pro cm².

Bestimmung des Stauchbeginns und der Druckfestigkeit.

Schweisseisen von Burbach.

Versuchsobjekt: Cylinder; Durchmesser: $2,_{00}$ cm; Höhe: $2,_{40}$ cm;

No. 32.

Proto-koll No.	Be-lastung P in t	Quer-schnitts-Fläche F cm^2	Mess-Länge l cm	Ab-lesung $\frac{cm}{400}$	Differenz absolut	Differenz pro $^1/_x$ t	Bemerkungen
2a	0,00	3,14	2,40	—			Cylinder, sign. 2 A; entnommen dem
	5,00			5,0			nämlichen Stabe als Nr. 1a.
	6,00			4,3	— 0,7	—0,35	**Cylinderoberfläche: blank.**
		—Stauchbeg.—			1,1	1,10	
	6,50			5,4	2,4	2,40	
	7,00			7,8	1,3	1,30	
	7,50			9,1	1,5	1,50	
	8,00			10,6	1,6	1,60	
	8,50			12,2	2,1	2,10	
	9,00			14,3	5,9	2,95	
	10,00	Ausgesprochene	20,2		8,4	4,20	
	11,00	Zustands-änderung	28,6		10,6	5,30	
	12,00	(Druckfestigkeit.)	39,2		12,0	6,00	**Stauchbeginn:** $\sigma = 1,_{99}$ t pro cm^2
	13,00		51,2		13,7	6,85	**Druckfestigkeit:** $\beta = 3,_{44}$ „ „ „
	14,00		64,9		15,5	7,75	**Verkürzung bei** $3,_{44}$ t pro cm^2:
	15,00		80,4		16,6	8,30	$\varDelta l = 0,_{060}$ cm
	16,00	t vollkommen getragen.	97,0				oder $\lambda = 2,1$ $°/o$.

Bei $16,_0$ t wird der Versuch unterbrochen und der regelmässig, fassförmig gestauchte Probekörper vollkommen intakt ausrangirt.

Bestimmung des Stauchbeginns und der Druckfestigkeit.

Schweisseisen von Burbach.

Versuchsobject: Cylinder; Durchmesser: 2,00 *cm*; Höhe: 2,40 *cm*.

No. 33.

Proto-koll No.	Be-lastung P in t	Quer-schnitts-Fläche F cm^2	Mess-Länge l cm	Ab-lesung $\frac{cm}{400}$	Differenz absolut	Differenz pro $\frac{1}{2} t$	Bemerkungen
3a	0,00	3,72	2,44	—			Cylinder, sign. A₃; entnommen dem gleichen Stabe als Nr. 1a.
	5,00			6,8			
	6,00			6,1	0,7	0,35	Cylinderoberfläche: blank, fehlerfrei.
	6,50			6,0	—0,1	0,10	
	7,00	— Stauchbeg. —		9,5	3,5	3,50	
	7,50			11,0	1,5	1,50	
	8,00			12,3	1,3	1,30	
	8,50			13,9	1,6	1,60	
	9,00			16,2	2,3	2,30	
	10,00	Ausgesprochene Zustands-änderung (Druckfestigkeit)		22,3	6,1	3,05	
	11,00			30,6	8,3	4,15	
	12,00			41,2	10,6	5,30	
	13,00			53,3	12,1	6,05	Stauchbeginn: $a = 2{,}15\, t$ pro cm^2
	14,00			66,9	13,6	6,80	Druckfestigkeit: $\beta = 3{,}34$ „ „
	15,00			82,2	15,3	7,65	Verkürzung bei $3{,}34\, t$ pro cm^2:
	16,00	t vollkommen getragen		98,6	16,4	8,20	$\varDelta l = 0{,}051\, cm$
							$\lambda = 2{,}1\ ^o/o$

  Bei 16,0 *t* wird der Versuch unterbrochen und der regelmässig, fassförmig
gestauchte Probekörper vollkommen intakt
ausrangirt.

Bestimmung des Stauchbeginns und der Druckfestigkeit.

Schweisseisen von Burbach*)

Versuchsobject: Cylinder; Durchmesser: $2{,}05$ cm; Höhe: $2{,}00$ cm.

No. 34.

Proto-koll No.	Be-lastung P in t	Quer-schnitts-Fläche F cm²	Mess-Länge l cm	Ab-lesung cm / 400	Differenz absolut	Differenz pro ½ t	Bemerkungen
1b	0,00	3,15	2,40	—			Cylinder, sign. B₁; einem andern Schweisseisen-Stabe entnommen.
	5,00			7,0			
					—0,6	—0,30	Cylinderoberfläche: blank, fehlerfrei.
	6,00	— Stauchbeg. —		6,4			
					1,7	1,70	
	6,50			8,1			
					2,9	2,90	
	7,00			11,0			
					1,6	1,60	
	7,50			12,6			
					1,1	1,10	
	8,00			13,7			
					1,9	1,90	
	8,50			15,6			
					2,2	2,20	
	9,00			17,8			
					6,6	3,30	
	10,00			24,4			
					7,9	3,95	
	11,00	Ausgesprochene Zustands-änderung (Druckfestigkeit)		32,3			
					10,2	5,10	Stauchbeginn: $\sigma = 1{,}99$ t pro cm²
	12,00			42,5			
					11,9	5,95	Druckfestigkeit: $\beta = 3{,}65$ „ „
	13,00			54,4			Verkürzung bei $3{,}65$ t pro cm:
					13,5	6,75	
	14,00			67,9			
					15,0	7,50	$\Delta l = 0{,}077$ cm
	15,00			82,9			
					16,4	8,20	oder $\lambda = 3{,}2$ %.
	16,00	t vollkommen getragen.		99,3			

Bei $16{,}0$ t wird der Versuch unter-brochen und der Probekörper regelmässig, fassförmig gestaucht, vollkommen intakt ausrangirt.

*) Im Mittel aus 3 Versuchen beträgt die **Streckgrenze** dieses Materials:
$\sigma = 2{,}37$ t pro cm²
die **Zugfestigkeit** $\beta = 3{,}62$ t pro cm².

Bestimmung des Stauchbeginns und der Druckfestigkeit.

Kupfer; Stehbolzenmaterial der Locomotivfabrik Winterthur*).

Versuchsobject: Cylinder; Durchmesser: 1,99 cm; Höhe: 2,48 cm.

No. 35.

Proto-koll No.	Be-lastung P in t	Quer-schnitts-Fläche F cm^2	Mess-Länge l cm	Ab-lesung $\frac{cm}{400}$	Differenz		Bemerkungen
					absolut	pro ½ t	
1 c	0,00	3,11	2,43	14,2			**Cylinder** sign. No. 1; entnommen einem
					0,0	0,00	2,5 cm starken Stehbolzen.
	1,00			14,2			
					0,0	0,00	
	2,00			14,2			Cylinderoberfläche: blank, fehlerfrei.
					—0,2	—0,20	
	2,50			14,0			$\triangle''$ (2te Differenzen).
	3,00	— Stauchbeg. —		16,8	2,8	2,80	
					7,7	7,70	4,90
	3,50			24,5			1,50
					9,6	9,60	
	4,00			34,1			1,25
					21,7	10,85	
	5,00	Ausgesprochene Zustands-		55,8			1,35
					24,4	12,20	— Beginn plastischer Deformabilität.
	6,00	— änderung — (Druckfestigkeit)		80,2			0,50
					25,4	12,70	
	7,00			105,6			0,40
					26,2	13,10	
	8,00			131,8			0,35
					26,9	13,45	
	9,00			158,7			0,45
					27,8	13,90	**Stauchbeginn:** $\sigma = 0{,}88$ t pro cm^2
	10,00			186,5			0,20
					28,2	14,10	**Druckfestigkeit:** $\beta = 1{,}77$ „ „ „
	11,00			214,7			0,10 **Verkürzung** bei 1,37 t pro cm^2:
					28,4	14,20	$\varDelta\, l = 0{,}035$ cm
	12,00	t vollkommen getragen		243,1			oder $\lambda = 5{,}44$ %.

Bei 12,0 wird der Versuch unter-brochen und der regelmässig, fassförmig gestauchte Probekörper vollkommen intakt ausrangirt.

*) Im Mittel aus 2 Versuchen beträgt die **Streckgrenze** dieses Materials:

$$\sigma = 0{,}70 \; t \; \text{pro} \; cm^2.$$

die **Zugfestigkeit** $\beta = 2{,}22$ t pro cm^2.

Bestimmung des Stauchbeginns und der Druckfestigkeit.

Kupfer; Stehbolzenmaterial der Locomotivfabrik Winterthur.

Versuchsobjekt: Cylinder; Durchmesser: 1,99 cm; Höhe: 2,39 cm.

Nr. 36.

Protokoll No.	Belastung P in t	Querschnitts-Fläche F cm²	Mess-Länge l cm	Ablesung $\frac{cm}{400}$	Differenz absolut	Differenz pro ½ t	Bemerkungen
2 c	0,00	3,11	2,39	10,5			Cylinder, sign. No. 2; entnommen dem
	1,00			10,0	−0,5	−0,25	gleichen Stehbolzen als No. 1c.
	2,00			9,5	− 0,5	− 0,25	**Cylinderoberfläche:** blank, fehlerfrei.
	2,50			9,4	−0,1	−0,10	$\triangle''$ (2te Differenzen).
	3,00	— Stauchbeg. —		10,4	+1,0	+1,00	4,20
	3,50			15,6	5,2	5,20	2,90
	4,00			23,7	8,1	8,10	2,85
	5,00	Ausgesprochene	45,6		21,9	10,95	1,35 Beginn plastischer Deformabilität.
	6,00	Zustands-änderung	71,2		25,6	12,80	0,70
	7,00	(Druckfestigkeit)	98,2		27,0	13,50	0,30
	8,00			125,8	27,6	13,80	−0,25
	9,00			152,8	27,1	13,55	0,95 **Stauchbeginn:** $\sigma = 0,88\ t\ p.\ cm^2$
	10,00			181,8	29,0	14,50	−0,35 **Druckfestigkeit:** $\beta = 1,77$ „ „ „
	11,00			210,2	28,3	14,15	0,20 Verkürzung bei 1,77 pro cm²:
	12,00	t vollkommen getragen		238,9	28,7	14,35	$\varDelta l = 0,123\ cm$ oder $\lambda = 5,15\ \%$.

Bei 12,0 t wird der Versuch unterbrochen und der regelmässig, fassförmig gestauchte Probekörper vollkommen intakt ausrangirt.

Bestimmung des Stauchbeginns und der Druckfestigkeit.

Kupfer; Stehbolzenmaterial der Locomotivfabrik Winterthur.

Versuchsobject: Cylinder; Durchmesser: 1,985 cm; Höhe: 2,37 cm;

No. 37.

Proto-koll No.	Be-lastung P in t	Quer-schnitts-Fläche F cm^2	Mess-Länge l cm	Ab-lesung $\frac{cm}{400}$	Differenz		Bemerkungen
					absolut	pro $^1/_2$ t	
3c	0,00	3,10	2,37	21,4			Cylinder, sign. Nr. 3; entnommen dem
	1,00			20,9	− 0,5	− 0,25	gleichen Stehbolzen als Nr. 1c.
	2,00			20,4	− 0,5	− 0,25	Cylinderoberfläche: blank, fehlerfrei.
	2,50			20,4	0,0	0,00	△″ (2te Differenzen).
	3,00	— Stauchbeg. —		28,6	8,2	8,20	
	3,50			37,2	8,6	8,60	0,40
	4,00			46,6	9,4	9,40	0,80
	5,00	Ausgesprochene Zustands-		66,9	20,3	10,15	0,75
	6,00	Aenderung (Druckfestigkeit).		89,9	23,0	11,50	1,35 — Beginn plastischer Deformabilität.
	7,00			113,9	24,0	12,00	0,50
	8,00			139,2	25,3	12,65	0,65
	9,00			165,6	26,4	13,20	0,55 Stauchbeginn: $\sigma = 0,80\,t\,p.\,cm^2$
	10,00			192,5	26,9	13,45	0,25 Druckfestigkeit: $\beta = 1,78$ „ „
	11,00			220,0	27,5	13,75	0,30 Verkürzung bei 1,78 t pro cm^2:
	12,00			247,8	27,8	13,90	0,15 $\Delta l = 0,145$ cm
	13,00			275,0	27,2	13,60	− 0,30 oder $\lambda = 6,11$ %.
	14,00			301,3	26,3	13,15	0,45
	15,00			326,8	25,5	12,75	− 0,40
	16,00	t vollkommen getragen.		350,8	24,0	12,00	− 0,75

Bei 16,0 t wird der Versuch unterbrochen und der plattenförmig gestauchte
Probekörper vollkommen intakt ausrangirt.

Vergleichende Zusammenstellung der Resultate einiger Druckproben.

1. Flusseisen von de Wendel & Comp., Hayange.

Qualitätscoefficient nach Tetmajer $c = 1{,}06\ t\ cm$.

Im Verhältnisse zu den correspondirenden Festigkeitsgrössen auf Zug beträgt im Mittel:

der **Elasticitätsmodul auf Druck**: $\varepsilon_d = 1{,}01\ \varepsilon_z$

der **Grenzmodul** „ „ $\gamma_d = 1{,}18\ \gamma_z$

der **Stauchbeginn** . . . . . $\sigma_d = 0{,}96\ \sigma_z$

die **Druckfestigkeit** . . . . . $\beta_d = 0{,}98\ \beta_z$

2. Schweisseisen von de Wendel & Comp., Hayange.

Qualitätscoefficient nach Tetmajer $c = 0{,}70\ t\ cm$.

Es beträgt im Mittel:

der **Elasticitätsmodul auf Druck**: $\varepsilon_d = 1{,}00\ \varepsilon_z$

der **Grenzmodul** „ „ $\gamma_d = 1{,}06\ \gamma_z$

der **Stauchbeginn** . . . . . $\sigma_d = 1{,}01\ \sigma_z$

die **Druckfestigkeit** . . . . . $\beta_d = 1{,}00\ \beta_z$

3. Flusseisen. Kesselblech von St. Etienne.

Qualitätscoefficient nach Tetmajer $c = 1{,}16\ t\ cm$.

Es beträgt im Mittel:

der **Stauchbeginn** . . . . . $\sigma_d = 1{,}00\ \sigma_z$

die **Druckfestigkeit** . . . . . $\beta_d = 1{,}00\ \beta_z$

4. Schweisseisen von Burbach.

Qualitätscoefficient nach Tetmajer $c = 0{,}96\ t\ cm$.

Es beträgt im Mittel:

der **Stauchbeginn** $\sigma_d = 0{,}86\ \sigma_z$

die **Druckfestigkeit** $\beta_d = 0{,}91\ \beta_z$

5. Kupfer; Stehbolzenmaterial.

Qualitätscoefficient nach Tetmajer $c = 1{,}10\ t\ cm$.

Es beträgt im Mittel:

der **Stauchbeginn** . . . . . . $\sigma_d = 1{,}26\ \sigma_z$

die **Druckfestigkeit** . . . . . $\beta_d = 0{,}80\ \beta_z$

k. Die Biegeproben an ganzen Gebrauchsstücken.

Zu den wichtigsten der in vorliegendem Berichte beschriebenen Untersuchungen zählen neben den Druck- bezw. Knickungsproben unzweifelhaft die statischen Biegeversuche mit ganzen Gebrauchsstücken, denn auch diesen fällt die Aufgabe zu, Coefficienten für das Constructionsfach in schmiedbarem Eisen zu liefern. Wir haben die angezogenen Versuche in der Absicht unternommen, die Gesetze der Biegungsfestigkeit des schmiedbaren Constructionseisens, ihr Abhängigkeitsverhältniss von der Form der Probekörper und den Zähigkeits- bezw. den Deformabilitätsverhältnissen des Materials näher kennen zu lernen. Wie bereits § 2 unseres Programms zu vorliegender Arbeit, vergl. Seite 12, bekundet, schien es wichtig, speziell durch Biegversuche an Blechbalken in Fluss- und Schweisseisen der Frage näher zu treten, in wie weit es zulässig sei, Resultate aus Qualitäts- und andern Festigkeitsproben mit einfachen Stäben auf genietete Einzelconstructionen oder bestimmte Theile solcher, zu übertragen. Gleichzeitig bezwecken unsere einschlägigen Versuche eine Controle derjenigen, welche im Auftrage der holländischen Regierung im Jahre 1878—1879 bei Harkort in Duisburg*) ausgeführt wurden, und deren für das Flussmetall (saures Converter-Eisen in 3 Kohlungsstufen als harter, mittelharter und weicher Stahl) so ungünstiger Ausfall, die Verwendbarkeit desselben für den Brückenbau in Frage zu stellen drohte. Endlich sollten die in Aussicht genommenen Versuche mit Blechbalken in Fluss- und Schweisseisen darüber belehren, ob die angeblich aus umfassenden Versuchen abgeleiteten, österreichischen Vorschriften, welche das Convertereisen für Eisenbahnbrücken ausschliessen und nur

---

*) Eine einlässliche Beschreibung der Harkort'schen Versuche befindet sich in Prof. Belelubski's trefflicher Schrift „Flusseisen, ist dasselbe zu fürchten und wie zu behandeln?" St. Petersburg; 1885.

Herdeisen (Martin-Eisen) zulassen, eine tiefere Begründung und Berechtigung besitzen und somit allgemein Beachtung verdienen. *)

Zur Ausführung der angezogenen Biegeversuche diente die Werder'sche — für die in Malines erledigten Proben, die grosse Kirkaldy-Maschine mit ihren bekannten Einrichtungen. Die Lagerung der Stäbe erfolgte in beiden Fällen frei und horizontal. Eine Aufhängung der schweren Stäbe war versuchsweise in einzelnen Fällen jedoch ohne fassbaren Erfolg durchgeführt und wurde desshalb wieder aufgegeben. Die Pendel der Werder'schen Maschine wurden fixirt und auf sie keilförmige, entsprechend abgerundete gusseiserne Lagerklötze aufgeschraubt. Die Wirkung der scharfen stählernen Angriffs- und Lagerschneiden der Kirkaldy-Maschine abzuschwächen, haben wir die auf Seite 30 erwähnten und in Fig. 12 abgebildeten Zwischenlagen benützt.

Die Stützweite der Versuchsobjecte war verschiedenartig gewählt. Bei den Brückenbelageisen (Zores-Eisen) variirte die Freilage, entsprechend der Anwendung, zwischen 1,0 und 1,8 m; für die gewalzten Träger (Doppel-T-Eisen) haben wir zur Stützweite die 8-fache Trägerhöhe, — bei den genieteten Balken die 9-fache Steghöhe gewählt.

Der Kraftangriff erfolgte centrisch auf die Stab- oder Trägermitte; es ist also dafür gesorgt worden, dass eine der Hauptträgheitsaxen der Stab- oder Trägerprofile in die Biegungsebene fiel. Die Angriffsschneide der Werder'schen Maschine war ca. 8,0 cm breit und besass abgerundete Kanten (effective Breite betrug ca. 6,0 cm). Die Beilagen der Kirkaldy-Maschine vergl. Fig. 12 auf Seite 30.

Zur Messung der elastischen Durchbiegungen dienten Bauschinger's Gradbogenapparate. Von diesen wurde der eine in der Mitte, im Sinne der Biegungsrichtung, die andern auf

---

*) Dass die fraglichen, österr. Vorschriften, wenn überhaupt, so doch nur lokale Bedeutung haben können, bewiesen unsere Versuche mit basischem Convertereisen sowie die zahlreichen tadellosen Ausführungen der neuesten Zeit.

den Auflagerstellen in entgegengesetzter Richtuug montirt. Aehnlich wurden die zur Bestimmung der Durchbiegung benützten
Apparate auf den in Malines geprüften Trägern befestigt, nur
kamen hier an den beweglichen Enden dosenartige Zeigerapparate,
in der Mitte, die fest steht, der ursprüngliche Gradbogen mit
Zahnstangenantrieb der Kirkaldy-Maschine zur Anwendung.
Letzterer functionirte schlecht und veranlasste langwierige Cor-
rectionsrechnungen. Die gewählte Disposition des Messapparates
gestattete in beiden Fällen die absolute Durchbiegung der Träger
hinlänglich genau zu bestimmen, somit die Elemente zur Berech-
nung der Elasticitäts- und Grenzmoduli und derjenigen der
Deformationsarbeiten innerhalb der Bieggrenze experimentell zu
erheben.

Zur Aufnahme der Durchbiegungen jenseits der Elasticitäts-
grenzen durfte ein einfacher, cylindrischer Massstab mit Milli-
meter-Theilung und einem Nonius für $0{,}1$ mm verwendet werden.
Nach Erledigung der jeweiligen Elasticitätsmessungen wurden
die Gradbogenapparate demontirt und man begann mit besagtem
Massstabe weiterzuarbeiten.

* Auf eine bestimmte Dauer der Krafteinwirkung konnte keine
Rücksicht genommen werden. Die sämmtlichen Ablesungen
erfolgten zur gleichen Zeit und stets im Momente, wo die Luftblase der Libelle des Wagebalkens der Werder-Maschine —
oder wo der Index des Laufgewicht-Hebels der Kirkaldy-Maschine
einspielte.

Biegungsversuche mit liegenden Maschinen und Versuchs-
objekten doppel-T-förmigen Querschnitts gehören zu den schwie-
rigsten; ihr Gelingen ist in erster Linie abhängig von der Gerad-
heit der Stäbe, in dem scheinbar ganz geringfügige Abweichungen
sich gegen das Ende des Versuchs durch vorzeitige Verwindung
geltend machen. Sodann spielt die Sorgfalt und Güte der Appretur, die exacte Einlagerung der Trägerebene in die Ebene des
Kraftangriffs einen nicht zu unterschätzenden Einfluss. In vorliegender Versuchsreihe ist ein einziger der gewalzten Träger
durch vorzeitiges Verwinden zu Grunde gegangen; er gab kein
brauchbares Mass für die Cohaesionsgrenze seines Materials.

Zur nähern Einsichtnahme des Messverfahrens lassen wir an dieser Stelle eine Reihe von Protokoll-Ausfertigungen von Biegungsversuchen mit gewalzten Trägern und **Blechbalken** folgen.

Deutsches Normalprofil No. 20.

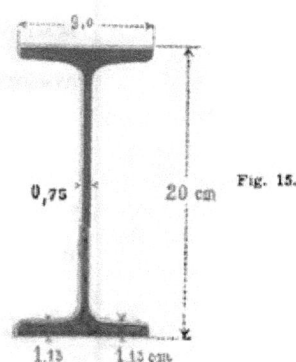

Fig. 15.

Querschnittsgrössen:

Trägheitsmoment	. . . .	J	$= 2166\ cm^4$
Widerstandsmoment	. . . .	W	$216,6\ cm^3$
Querschnitts-Inhalt	. . . .	F	$33,85\ cm^2$
Trägerhöhe	. . . .	h	$20,0\ cm$
Coefficient der Querverschiebung	. . . .	$\varkappa$	$2,22.$

Trägergewicht . . . . . . g $26,2\ kg$ pro $l\ m$

Stützweite des Trägers . . . . l $160,0\ cm$

Formel für den Elasticitätsmodul:

$$\varepsilon = \frac{P\,l}{1,6\,f}\left(\frac{l^2}{30\,J} + \varkappa\,\frac{1}{F}\right) = 73,6\,\frac{P}{1,6\,f}\quad\text{worin bedeutet}$$

f in cm die der Kraft P in t entsprechende Durchbiegung.

Nr. 38.

Proto-koll No.	Be-lastung P t	Stütz-weite l cm	Durch-biegung $\frac{1}{100}$ cm f	Diffe-renz Δf	Durch-biegung absolut f cm	Bemerkungen
1093	0,00	160,0	---	—	—	$\underline{\mathrm{I}}$-Eisen; deutsches **Normalprofil No. 20.**
	5,00		5,960	5,960		Material: Schweisseisen.
	0,00		+0,070	5,890		Oberflächenbeschaffenheit: normal, tadellos.
	5,00		5,960	1,195		
	6,00		7,155	1,178		Pro $\frac{1}{2}\,t$: $f = 0,508$
	7,00		8,333	1,190		„ „ $= 0,580$
	8,00		9,523	0,589		„ „ $= 0,595$
	,50	Elasticit-Grenze	10,112	0,610	0,2022	Pro 8,50 t beträgt: $f = 0,2022\,cm$, somit ist d.
	9,00		10,722	0,670		Elasticitätsmodul:
	,50		11,392	0,735		$\varepsilon = 73{,}6\,\dfrac{P}{1{,}6f} = 73{,}6\,\dfrac{8{,}50}{1{,}6\,\ 0{,}2022} = 1934\,t$ pro cm^2.
	10,00		12,127	0,775		
	,50		12,902	0,830		
	11,00		13,732	0,800	0,2746	
	,50		14,532	0,835		**Elasticitätsmodul** . . $\varepsilon = 1934\,t$ pro cm^2
	12,00		15,367	0,870		Faserspannung
	,50		16,237	0,889		an der Elast.-Grenze $\gamma = 1{,}61\,t$ pro cm^2
	13,00	Muthm. Biege-Grenze	17,126	0,950	0,3425	an der Bieg-Grenze $\sigma = 2{,}40$ „ „
	,50		18,076	1,120		a. d. Cohaes.-Grenze $\beta = 3{,}60$ „ „
	14,00		19,196	0,38		Durchbiegung
	15,00			0,56		an der Elasticitäts-Grenze $f_\gamma = 0{,}208\,cm$
	16,00			0,81		an der Bieg-Grenze . . $f_\sigma = 0{,}343$ „
	17,00			1,23		an d. Cohaesions-Grenze . $f_\beta = $ c. $3{,}70$ „
	18,00			1,71		
	,50			2,40		**Deformations-Arbeit**
	19,00			2,55		an d. Elasticitäts-Grenze $A_\gamma = 0{,}910\,cm\,t$
	19,50	Cohaes.-Grenze		c. 3,70		an der Bieg-Grenze . . $A_\sigma = 2{,}230$ „
						an d. Cohaesions-Grenze $A_\beta = 62{,}0$ „

Träger wird windschief; **Waage** sinkt.

Nr. 39.

Protokoll No.	Belastung P t	Stützweite l cm	Durchbiegung f $1/100$ cm	Differenz Δf	Durchbiegung absolut f cm	Bemerkungen
1094	0,00	160,0	0,000	—	—	⊥-Eisen; deutsches Normalprofil No. 20.
	5,00		5,610	5,610		Material: Schweisseisen.
	0,00		+0,090			
	5,00		5,605	5,515		Oberflächenbeschaffenheit: normal, tadellos.
	6,00		6,725	1,120		
	7,00		7,875	1,150		Pro 8,50 t betr. $f = 0{,}1921$ cm, somit ist der
	8,00		9,036	1,161		Elasticitätsmodul:
	,50	Elasticit.-Grenze	9,606	0,570	0,1921	
	9,00		10,206	0,600		$\varepsilon = 73{,}6 \dfrac{P}{1{,}6\,f} = 73{,}6 \dfrac{8{,}50}{1{,}6 \cdot 0{,}1921} = 2035$
	,50		10,801	0,595		
	10,00		11,406	0,605		$\varepsilon = 2035\ t$ pro cm^2.
	,50		12,006	0,600		
	11,00		12,601	0,595	0,2320	**Elasticitätsmodul** . . $\varepsilon = 2035\,t$ pro cm^2
	,50		13,206	0,605		**Faserspannung**
	12,00		13,851	0,645		an der Elast.-Grenze $\gamma = 1{,}61$ „ „
	,50	Bieg-Grenze	14,451	0,600	0,2690	an der Bieg-Grenze $\sigma = 2{,}35$ „ „
	13,00		15,146	0,695		an d. Cohaes.-Grenze $\beta = 3{,}97$ „ „
	,50		15,851	0,705		
	14,00		16,656	0,805	0,33	**Durchbiegung**
	15,00				0,36	an der Elasticitäts-Grenze $f_\gamma = 0{,}198$ cm.
	16,00				0,42	an der Bieg-Grenze . . $f_\sigma = 0{,}296$ „
	17,00				0,52	an d. Cohaesionsgrenze . $f_\beta = c.3{,}8$ „
	18,00				0,77	**Deformations-Arbeit**
	19,00				1,34	an d. Elasticitäts-Grenze $A_\gamma = 0{,}866$ cm t
	20,00				2,03	an der Bieg-Grenze . . $A_\sigma = 1{,}932$ „
	,50				2,49	an d. Cohaesions-Grenze $A_\beta = 69{,}9$ „
	21,00				3,02	
	21,50	Cohaes.-Grenze			c.3,80	

Träger wird windschief; Waage fällt ab.

Blechbalken No. 5–8.

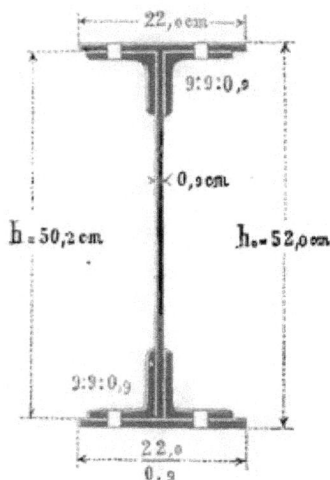

Fig. 16.

Nietdurchmesser: $1{,}8\,cm$.   Niettheilung: $13{,}0\,cm$.

Querschnittgrössen:

		ohne Abzug		mit Abzug der Nietlöcher
Trägheitsmoment . . .	J	$66521\,cm^4$	J	$58352\,cm^4$
Widerstandsmoment . .	W	$-\;cm^3$	W	$2244\,cm^3$
Querschnittsfläche . .	F_t	$145{,}1\,cm^2$	F	$132{,}1\,cm^2$
Trägheits-Halbmesser *max. k*		$21{,}4\,cm$	*max. k*	$-\;cm$
Schwerpunktsabstand der Gurtquerschnitte	h_s	$-\;cm$	h_s	$47{,}1\,cm$
Coeff. d. Querverschiebung $\varkappa$		$2{,}71$	$\varkappa$	$-$

Gurtquerschnitte mit Abzug der Nietlöcher:
$$F_n \quad 43{,}5\,cm^2.$$

Formel für den Elasticitätsmodul:
$$\varepsilon = \frac{P\,l}{1{,}6\,f}\left(\frac{l^2}{30\,J} + \varkappa\,\frac{1}{F}\right) = 54{,}00\,\frac{P}{1{,}6\,f}$$

Nr. 40.

Flusseisen.

Proto-koll No.	Be-lastung P t	Stütz-weite l cm	Durch-biegung f 1/100 cm	Diffe-renz Δf	Durch-biegung absolut f cm	Bemerkungen
1135	0,00	450	0,00		—	Blechbalken, sign. Nr. 5 A.
	15,00		12,65	12,65		Aeussere **Beschaffenheit**: tadellos, Träger
	30,00		25,35	12,70	0,51	liegt fast vollkommen horizontal in der
	37,50		31,55	6,20		Maschine.
	0,00		− 0,25			
	37,50		31,55	31,80		Dem entspricht pro 1,0 t : $f = 0,848$
	38,00		31,93	0,38		**Der Electricitätsmodul beträgt:**
	39,00		32,69	0,76		$\varepsilon = 54,00 \dfrac{P}{1,6\,f} = 54,00\dfrac{41,0}{1,6\,.\,0,675} = 2053\,t$ pro cm^2
	40,00		33,45	0,76	0,67	
	41,00	Elasticit.-Grenze	33,75	0,30	0,675	Im Mittel: $f = 0,875$.
	42,00		35,20	1,45		
	43,00		35,70	0,50		„ „ $f = 0,900$.
	44,00		37,60	1,30		
	45,00		37,75	0,75	0,75	„ „ $f = 1,183$.
	46,00		39,75	2,00		
	47,00		40,55	0,60		
	48,00	Muthm. Bieg-Grenze	41,25	0,70	0,82	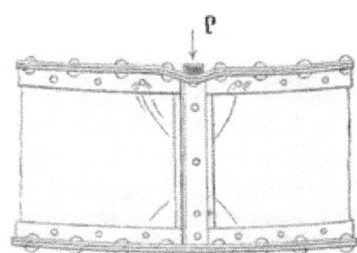
	49,00		42,80	1,55	0,85	
	50,00		44,10	1,30	1,88	
	55,00		50,80	6,70	1,02	
	60,00				1,16	
	65,00				1,34	
	70,00				1,51	
	72,50				1,62	Fig. 17.
	74,80	Cohaes.-Grenze			c.1,79	Bei 57,0 t: Beginn des Einkneifens der Angriffs-Schneide.

Träger wird windschief; die freien Enden d. gedrückten Gurts sowie der gespannte Gurt in der Träger-mitte steigen; **Träger** verliert all-mälig sein **Tragvermögen** u. wird intact ausrangirt.

Bei 70,0 t: Beginn d. Verwindung (Spuren).

Flusseisen.

Proto-koll No.	Be-lastung P t	Stütz-weite l cm	Durch-biegung f $^1/_{10}\,cm$	Diffe-renz Δf	Durch-biegung absolut f cm	Bemerkungen
1136	0,00	450	0,00			**Blechbalken Nr. 6, A.**
	15,00		13,60	13,60		**Aeussere Beschaffenheit :** „tadellos“.
	30,00		25,40	11,80		Träger liegt fast vollkommen horizontal
	37,50		32,85	7,45		in der Maschine.
	0,00		−0,25			
	37,50		32,85	33,00		Pro 1,0 t beträgt : $f = 0{,}880$.
	38,00	Elasticit.-Grenze	33,20	0,44	0,666	**Der Elasticitätsmodul beträgt :**
	39,00		34,67	1,38		$$\varepsilon = 54{,}09\,\frac{P}{1{,}0\,f} = 54{,}09\,\frac{38{,}0}{1{,}0\,.\,0{,}666} = 1929\,t$$
	40,00		36,30	1,38	0,72	pro cm^2
	41,00		37,35	1,30		Pro 1,0 t beträgt: $f = 1{,}550$.
	42,00		38,25	0,90		
	43,00			3,10		
	44,00		41,35		0,63	
	45,00			2,85		
	46,00		44,20			
	47,00			1,70		
	48,00		45,90		0,92	
	49,00			2,45		
	50,00		48,35		0,97	Fig. 16.
	51,00		49,60	1,25		
	52,00	Muthm. Bieg-Grenze	50,75	1,15	1,01	Im Mittel: $f = 1{,}40$.
	53,00		52,40	1,65		
	54,00		54,25	1,85	1,09	
	60,00				1,26	Bei 55,0 t : Beginn des Einkneifens der
	65,00				1,46	Angriffsschneide.
	70,00				1,69	Bei 67,0 t : Spuren des Windschiefwerdens.
	75,00				2,01	Es treten Glühspanablösungen an den
	77,50	Cohaes.-Grenze			2,26	Nieten in Nähe der Angriffsschneide auf.

Träger wird unter den nämlichen Er-scheinungen, wie vorher, windschief.

Zusammenstellung der Resultate.

Flusseisen.

	Blechbalken		Mittelwerthe
	Nr. 5 A	Nr. 6 A	

Elasticitätsmodul

der Biegungsfestigkeit $\varepsilon = 2053\ t$ p. cm^2 $\quad 1929\ t$ p. cm^2 $\quad 1991\ t$ p. cm^2

Faserspannung

a. d. Elasticitätsgrenze $\gamma =$	$2{,}08\ t$ pro cm^2	$1{,}93\ t$ pro cm^2	$2{,}00\ t$ p. cm^2
an der Bieggrenze . $\sigma =$	$2{,}43$ „ „	$2{,}14$ „ „	$2{,}53$ „ „
a. d. Cohaesionsgrenze $\beta =$	$3{,}75$ „ „	$3{,}69$ „ „	$3{,}82$ „ „

Durchbiegung

a. d. Elasticitätsgrenze $f_\gamma =$	$0{,}689\ cm$	$0{,}679\ cm$	$0{,}684\ cm$
an der Bieggrenze . $f_\sigma =$	$0{,}840$ „	$1{,}032$ „	$0{,}936$ „
a. d. Cohaesionsgrenze $f_\beta =$	$1{,}79$ „	$2{,}26$ „	$2{,}03$ „

Deformations-Arbeit

a. d. Elasticitätsgrenze $A_\gamma =$	$0{:}143\ m\ t$	$0{,}131\ m\ t$	$0{,}137\ m\ t$
b. einer Faserspanng. v. 3,0 t pro cm^2 . $A_{3{,}0} =$	$0{,}383$ „	$0{,}417$ „	$0{,}400$ „
b. einer Durchbiegung v. $^1/_{250}$ d. Stützweite des Trägers . . . $A =$	$0{,}857$ „	$0{,}845$ „	$0{,}851$ „

Bemerkung: Bruch konnte in keinem Falle erzielt werden.

Schweisseisen.

Protokoll No.	Belastung P t	Stützweite l cm	Durchbiegung f $^1/_{100}$ cm	Differenz Δf	Durchbiegung absolut f cm
1137	0,00	450	0,00		
				24,30	
	25,00		24,3		
	0,00		−0,10		
				24,25	
	25,00		24,30		0,286
				1,20	
	26,00		25,00		
				0,65	
	27,00	Elasticit.-Grenze	26,10		0,523
	28,00		27,20	1,10	
				2,25	
	30,00		29,50		0,590
				2,90	
	32,00		32,40		
				2,85	
	34,00		35,25		
				2,80	
	36,00		38,00		0,761
				2,70	
	38,00		40,75		
				1,35	
	39,00		42,10		
				2,00	
	40,00		44,10		0,882
				1,35	
	41,00		45,45		
				1,35	
	42,00		46,80		
				1,40	
	43,00		48,20		
				1,70	
	44,00		49,90		0,998
				1,70	
	45,00	Muthm. Biege-Grenze	51,00		1,02
	50,00				1,18
	55,00				1,37
	60,00				1,59
	65,00				1,96
	70,00				2,87
	72,30	Cohaes.-Grenze			3,45

Bemerkungen

Blechbalken Nr. 7, F.
Aeussere Beschaffenheit: „tadellos".

Träger liegt fast vollkommen horizontal in der Maschine.

Im Mittel: $f = 0{,}625$.

Der **Elasticitätsmodul** beträgt:

$$\varepsilon = 54{,}09\,\frac{P}{1{,}6\,f} = 54{,}09\,\frac{27{,}0}{1{,}6 \cdot 0{,}523} = 1745\,t \quad \text{pro } cm^2$$

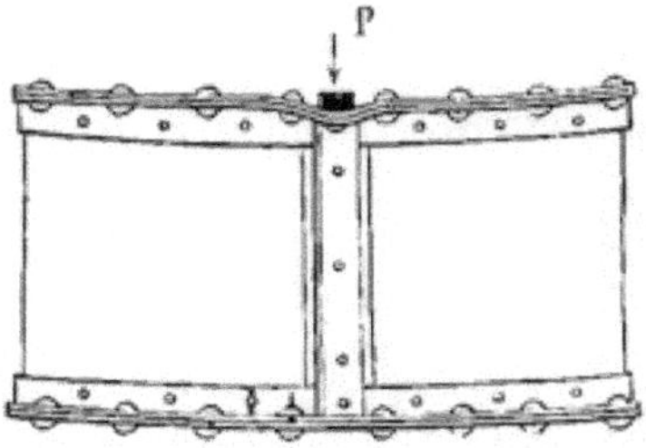

Fig. 19.

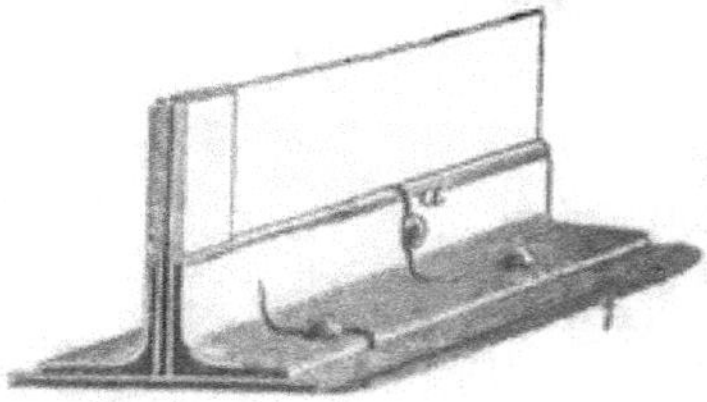

Fig. 20.

Die muthm. **Biegegrenze** liegt bei ca. 45,5 t.

Bei ca. 50 t: deutlich ausgesprochener Beginn d. Einkneifens d. Angriffsschneide.

Träger bleibt fast horizontal.

Plötzlicher Bruch der gespannten Faser in Nähe der Trägermitte.

Nr. 43. Schweisseisen.

Proto-koll No.	Be-lastung P t	Stütz-weite l cm	Durch-biegung f $^1/_{10}\,cm$	Diffe-renz Δf	Durch-biegung absolut f cm	Bemerkungen
1138	0,00	450	0,00			**Blechbalken** Nr. 8 F.
				23,20		**Aeussere Beschaffenheit**: tadellos.
	25,00		23,20			Träger liegt fast horizontal in d. Maschine.
	0,00		−0,20			
				23,40		
	25,00		23,20		0,464	
				1,00		Im Mittel: 1,00.
	26,00		24,20			
				1,25		**Der Elasticitätsmodul** beträgt:
	27,00		25,45			
				0,75		$\varepsilon = 54{,}09\,\dfrac{P}{1{,}6\,f} = 54{,}09\,\dfrac{28{,}0}{1{,}6 \cdot 0{,}524} = 1807\,t$
	28,00	Elasticit.-grenze	26,20		0,524	pro cm^2
				1,70		
	29,00		27,90			
				1,35		
	30,00		29,25		0,590	
				3,00		
	32,00		38,25			
				2,40		
	34,00		34,65		0,683	
				2,90		
	36,00		37,55			
				2,15		
	38,00		39,70			
				2,75		
	40,00	Muthm. Biege-Grenze	42,45		0,859	
				2,90		
	42,00		45,35			
				4,55		
	45,00		49,90		1,00	
	50,00				1,16	
	55,00				1,31	
	60,00				1,52	
	65,00				1,79	
	67,50				2,00	
	70,00				2,46	
	72,50				2,86	
	73,00	Cohaes.-Grenze			3,10	

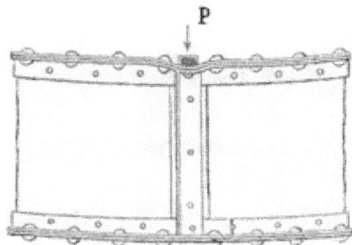

Fig. 21.

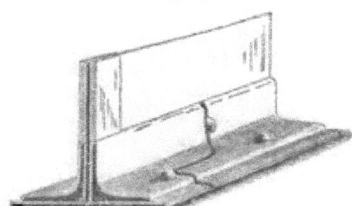

Fig. 22.

Bei 55,0 t Beginn des Einkneifens der Angriffschneide.

Der gespannte Gurt beginnt in der Träger-mitte schwach zu steigen.

Träger beginnt windschief zu werden; plötzlich tritt Bruch der gespannten Faser in Nähe der Trägermitte ein, ver-gleiche Fig. 22.

Zusammenstellung der Resultate.

Schweisseisen.

	Blechbalken		Mittelwerthe
	Nr. 7 F	Nr. 8 F	

Elasticitätsmodul
der Biegungsfestigkeit ε = 1745 t p. cm^2 1807 t p. cm^2 1776 t p. cm^2

Faserspannung

a. d. Elasticitätsgrenze γ = 1,38 t pro cm^2 1,13 t pro cm^2 1,11 t pro cm^2

an der Bieggrenze . σ = 2,29 „ „   2,10 „ „   2,19 „ „

a. d. Cohaesionsgrenze β = 3,62 „ „   3,70 „ „   3,66 „ „

Durchbiegung

a. d. Elasticitätsgrenze f_γ = 0,534 cm 0,541 cm 0,538 cm

an der Bieggrenze . f_σ = 1,040 „   0,878 „   0,959 „

a. d. Cohaesionsgrenze i_β = 3,45 „   3,10 „   3,28 „

Deformations-Arbeit

a. d. Elasticitätsgrenze A_γ = 0,073 $m\,t$ 0,077 $m\,t$ 0,075 $m\,t$

b. einer Faserspanng.
v. 3,0 t pro cm^2 . . $A_{3,0}$ = 0,556 „   0,544 „   0,550 „

b. einer Durchbiegung
v. $^1/_{250}$ d. Stützweite
des Trägers . . A = 0,685 „   0,696 „   0,690 „

Bemerkung: In beiden Fällen trat an der Cohaesionsgrenze Querbruch
der gespannten Faser in der Trägermitte ein.

l. Schlagprobe.

Die Zuverlässigkeitsverhältnisse des Materials selbst bei ausnahmsweise intensiven dynamischen Kraftwirkungen festzustellen, bezweckt die Schlagprobe. Aehnlich dem bei Prüfung des relativen Werthverhältnisses einiger Normalprofile in Fluss- und Schweisseisen betretenen Verfahren (1885), wurden auch diesmal

1. Schlagproben an tadellosen Gebrauchsstücken,

2. „ „ solchen Gebrauchsstücken ausgeführt, deren gespannte Fasern absichtlich beschädigt wurden.

Schlagproben der erstgenannten Kategorie sind ausgeführt worden

an Stabeisenabschnitten,
„ Zorès-Eisen,
„ I-Eisen, endlich
„ Blechbalken.

Die Schlagproben mit absichtlich beschädigten Gebrauchsstücken mussten auf Stabeisenabschnitte beschränkt bleiben, da einmal I-Eisen blos in Schweisseisen zur Prüfung gelangten, anderseits die Herstellungskosten genieteter Balken die Vornahme solcher Proben nicht gestatteten.

Die tadellosen Gebrauchsstücke sind ohne weitere Appretur den Schlagproben unterworfen worden. In der Serie der Schlagproben mit absichtlich beschädigten Gebrauchsstücken kamen Versuchskörper zur Anwendung, deren gespannte Fasern auf die ganze Breite vorangehend auf ca. 1,5 mm Tiefe mittelst Kreuzmeissels scharf durchgehauen wurden.

Bis auf die Schlagproben mit Blechbalken, die im Arsenal zu Malines ausgeführt wurden, vergl. Seite 13, sind sämmtliche in vorliegendem Berichte angegebenen Resultate von Schlagproben in Zürich und zwar unter Benutzung des Schienenschlagwerks der schweiz. N.-O.-B. gewonnen worden. Bezüglich der Construction des letztern diene Folgendes:

Auf einem ca. 1,5 m tief in den Boden eingelassenen Bétonklotz ist ein aus starken I-Eisen gebildeter Rahmen angebracht, der die beiden keilartigen, oben abgerundeten Auflagerschneiden trägt. Seitlich dieser Schneiden wurden dreieckförmige, aus Stahlblech und Winkeleisen gebildete Führungsrahmen angebracht, welche das zwischengeschobene, auf die Lagerschneiden aufgesetzte Prüfungsobjekt gegen Umkippen sichern sollten. Mittelst hölzerner Keile wurde jedes Probestück zwischen den Führungsbacken eingeklemmt. Der Abstand der Lagerschneiden betrug genau 1,0 m.

Das Schlagwerk des „Laboratoire d'essais" zu Malines hier näher zu beschreiben, würde zu weit führen. Wir müssen uns begnügen anzuführen, dass die auf Mauerwerk fundirte Chabotte 11,0 t wiegt; der Rahmen, zwischen welchem das Fallgewicht spielt, aus I-Eisen gebildet ist, auf deren nach Innen gekehrten Flanschen Eisenbahnschienen aufgenietet wurden. Die Höhe des Schlagwerks beträgt ca. 15 m; der Antrieb geschieht maschinell, die Arretirung der Bewegung durch sinnreich disponirte Bremsbänder, die ein Mann bedient. Die Auslösevorrichtung weicht von der, die die München-Dresdener-Conferenz zur Anwendung empfahl ab, entspricht jedoch der Forderung eines tadellosen Ablassens des Fallgewichts. Die Lagerung der Versuchsobjecte geschieht auf 45 cm hohen keilförmigen Gussklötzen, die mit 2,0 cm Radius abgerundet sind. Dieses Schlagwerk arbeitet sehr schön; zu Folge des exacten Aufschlags des Fallgewichts blieben die Probekörper meist noch nach dem dritten Schlag fast vollkommen gerade und zeigten lediglich blos den unvermeidlichen Beginn des Windschiefwerdens, bezw. des Ausbauchens des Steges.

Zu den in Malines ausgeführten Schlagproben wurde ein Fallgewicht von 1000 kg benützt. Die Fallhöhe betrug

beim 1. Schlag: das 2,5-fache,
„   2.   „   „   5,0- „
„   3.   „   „   7,5- „

bei jedem weitern Schlag das 10,0-fache der Steghöhe des betr. Blechbalkens.

Sämmtliche Schlagproben an I-Eisen wurden mit einer Fallarbeit, proportional dem Trägheitsmomente des betreffenden Profils, ausgeführt. Für das deutsche Normalprofil No. 40 konnte die Fallarbeit pro Schlag zu: 3,0 m t angenommen werden.

Bezeichnet sonach

J in cm^4 das Trägheitsmoment eines Profils bestimmter Höhe;

J_0 „ „ „ „ des deutsch. Normalprofils No. 40

so beträgt die pro Schlag auf das Profil J auszuübende Arbeit

$$A = 3{,}0 \cdot \frac{J}{J_0}$$

konnte also Fall für Fall rechnungsmässig bestimmt werden.

Die Stützweite der Träger in der Schlagprobe war konstant und $= 1{,}0\ m$. Für die Träger von $40{,}0$ bis incl. $24{,}0\ cm$ Höhe betrug das Fallgewicht $0{,}5\ t$, für alle andern dagegen $0{,}3\ t$. Unter Zugrundelegung der vorangehend berechneten Werthen A und der angenommenen Fallgewichte wurde für jedes Profil die zugehörige Fallhöhe ermittelt und für die Dauer des Versuchs unverändert beibehalten. Jedes I-Eisen wurde somit mit einem bestimmten Fallgewicht aus ein und derselben Höhe so oft geschlagen, bis Querbruch eintrat oder Windschiefwerden des Trägers eine weitere Behandlung unter dem Schlagwerke hinderte. Dabei ist das Aufgehen von Schweissnähten nicht als metallischer Bruch angesehen worden.

Sämmtliche Zorès-Eisen sind bei $1{,}0\ m$ Freilage mit einem Fallgewichte von $0{,}3\ t$ auf Schlag- oder Stossfestigkeit geprüft worden. Auch hier ist die Fallarbeit proportional den Trägheitsmomenten der Zorèsprofile und zwar für die Vautrin-Schwelle No. 126 mit $31{,}0\ kg$ Gewicht pro l. m. zu $0{,}8\ m\,t$ angenommen worden, woraus sich sodann Fall für Fall die Fallhöhe rechnungsmässig ermitteln liess.

Zur Einsichtnahme in die Art der Ausführung unserer Schlagproben lassen wir nachstehend einige einschlägige Protokoll-Ausfertigungen folgen.

Schlagprobe No. 9.

I-Eisen, Deutsches Normalprofil Nr. 20.   Material: Schweisseisen.

Stützweite: $100\ cm$;   Fallgewicht: $0{,}3\ t$.

Prot.-No. 1111.   **No. 44.**

Schlag No.	Fall- höhe h in m	Durchbiegung f in cm obere Flansche	untere Flansche	Arbeitsleistg. in $t\,m$ einzeln	total	Bemerkungen
1	0,70	0,30	0,15	0,21		Obere Flansche an der Aufschlag-Stelle zeigt Spuren einer Schweissnaht.
2	„	0,40	0,30	0,21		Wie vorher.
3	„	0,60	0,50	0,21		Beginn der Ausbauchung des Steges.
4	„	0,85	0,60	0,21		Wie vorher, allmälig wachsend.
5	„	1,15	0,80	0,21		„ „ „
6	„	1,40	0,90	0,21		„ „ „
7	„	1,55	1,00	0,21		„ „ „
8	„	1,90	1,25	0,21		„ „ „
9	„	2,20	1,50	0,21		„ „ „
10	„	2,50	1,60	0,21	2,10	Steg zeigt auf beiden Seiten feine Anrisse c. 5 cm lang. Untere Flansche zeigt an einem Ende über dem Auflager eine 9 cm lange offene Schweissnaht; am andern Ende ist sie auf 15 cm gespalten; vergl. Fig. 23. Obere Flansche zeigt eine ca. 15 cm lange, offene Schweissnaht.

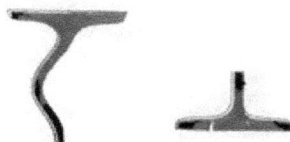

Fig. 23.

Schlagprobe No. 10.

I-Eisen, Deutsches Normalprofil No. 20.   Material: Schweisseisen.

Stützweite: $100\,cm$; Fallgewicht: $0{,}3\,t$.

Prot.-No. 1112.   **No. 45.**

Schlag No.	Fall-höhe h in m	Durchbiegung f in cm		Arbeitsleistg. in $t\,m$		Bemerkungen
		obere Flansche	untere Flansche	einzeln	total	
1	0,70	0,15	0,15	0,21		Untere **Flansche** an einem Ende anrissig.
2	„	0,50	0,35	0,21		Wie vorher.
3	„	0,60	0,50	0,21		Wie vorher.
4	„	0,90	0,65	0,21		**Obere Flansche** zeigt an der Aufschlagstelle Spuren von Schweissnähten.
5	„	1,05	0,85	0,21		Beginn der Ausbauchung des Steges.
6	„	1,35	1,00	0,21		Alles wie vorher, allmälig wachsend.
7	„	1,60	1,15	0,21		„ „ „ „ „ [baucht.
8	„	1,70	1,30	0,21		Alles w. vorher, **Steg** ziemlich stark ausge-
9	„	2,15	1,60	0,21		Spur eines Anrisses auf einer Stegseite.
10	„	2,30	1,65	0,21		Spur eines Anrisses auf der andern Seite.
11	„	2,70	1,90	0,21	2,31	**Steg** zeigt auf beiden Seiten metallische Anrisse von ca. 4—6 cm Länge.
						Untere Flansche an einem Ende auf c. 17 cm Länge gespalten; am anderen Ende u. z. über dem Auflager ist eine 10 cm lange Schweissnaht offen; vergl. Fig. 24.
						Obere Flansche leicht seitlich verwunden.

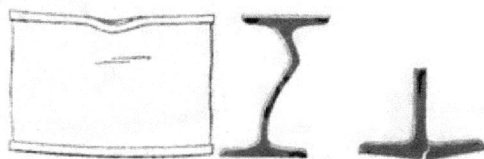

Fig. 24.

Schlagprobe No. 6.

Blechbalken sign. B. 4672;   **Steghöhe**: 50 *cm* ;

No. 46.   **Material**: Schweisseisen.   Prot.-No. 1152.

Anzahl der Schläge	Fallhöhe in *m*	Schlagarbeit *m t*		Durchbiegung der Gurtlamelle			
		einzeln	total	oben	unten	im Mittel	Diff.
1	1,25	1,25		0,55	0,35	0,45	
2	2,50	2,50	3,75	1,45	1,10	1,28	0,83
3	3,75	3,75	7,50	2,80	2,33	2,56	1,28
4	5,00	5,00	12,50	4,75	4,10	4,43	1,87
5	5,00	5,00	17,50	Totaler Querbruch.			

Bemerkungen.

1. S c h l a g : Träger vollkommen gerade; obere Gurtlamelle zu
beiden Seiten der Aufschlagfläche über dem Steg längsrissig. Risslänge
ca. 11 *cm*.

2. S c h l a g : Träger vollkommen gerade; obere Gurtlamelle anrissig
wie vorher; Risslänge ca. 26 1/2 *cm*. Steg unter den obern Gurtwinkeln
schwach verbogen; In Nähe der Nullaxe treten horizontale Spannungs-
trajektorien auf. Alle Nieten intakt.

     Voreilen des Untergurts : Spur.

3. S c h l a g : Träger fast gerade; obere Gurtlamelle anrissig wie vorher; Risslänge ca. 29 1/2 *cm*. Steg schwach verbogen; am Stege treten neben
den horizontalen Spannungslinien auch die von den Gurtnieten ausgehenden
— jedoch nur schwach ausgeprägt — auf.

4. S c h l a g. Träger schwach windschief; obere Gurtlamelle über
dem Stege stark längsrissig. Risslänge ca. 30 *cm*. Zwischen den vertikalen
Ständern des Trägers ist der Steg ausgebaucht und zeigt, von einem der mittleren Nieten am Untergurt ausgehend, einen e i n s e i t i g e n Riss; v. Fig. 25.

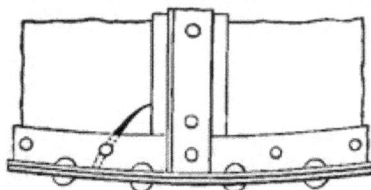

Fig. 25.

Am Obergurt 2 Köpfe der Vertikal-Nieten abgesprengt.
Voreilen des Untergurts ca. 0,30 *cm*.

5. Schlag: Totaler Querbruch; vergl. Fig. 26.

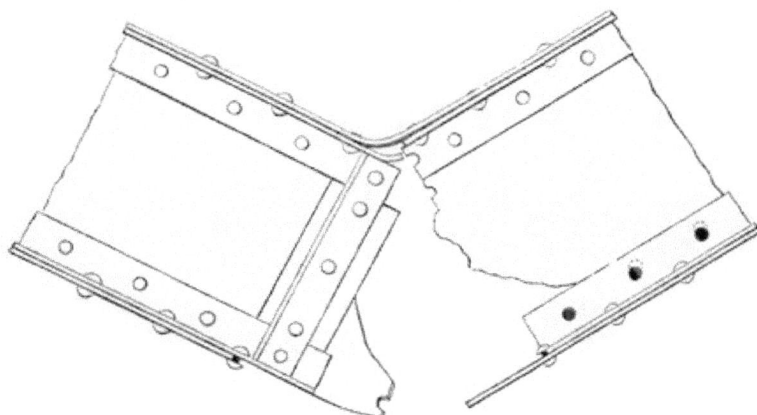

Fig. 26.
4 Stück Nieten abgeschert.

Spannungslinien schwach ausgeprägt!
Voreilen des Untergurts ca. 0,5 cm.

Schlagprobe No. 7.

Blechbalken sign. A. 4671; Steghöhe: 50 cm;

No. 47. **Material:** Flusseisen. Prot.-No. 1153

Anzahl der Schläge	Fallhöhe in m	Schlagarbeit m t einzeln	Schlagarbeit m t total	Durchbiegung der Gurtlamelle oben	unten	im Mittel	Diff.
1	1,25	1,25		0,63	0,80	0,46	
2	2,50	2,50	3,75	1,35	1,00	1,18	0,72
3	3,75	3,75	7,50	2,45	2,10	2,28	1,10
4	5,00	5,00	12,50	4,03	3,80	3,92	1,64
5	5,00	5,00	17,50	5,75	5,70	5,72	1,80
6	5,00	5,00	22,50	8,00	7,95	7,98	2,26

Bemerkungen.

1. Schlag: Träger vollkommen gerade; Alles intakt.

2. Schlag: Träger vollkommen gerade; Alles intakt. Beginn des Auftretens der Spannungstrajektorien. Spur von Voreilen des Untergurts.

3. Schlag: Träger gerade; Alles vollkommen intakt. Spannungs-trajektorien deutlich ausgeprägt ; Voreilen d. Untergurts ca. 0,4 cm. Fig. 27.

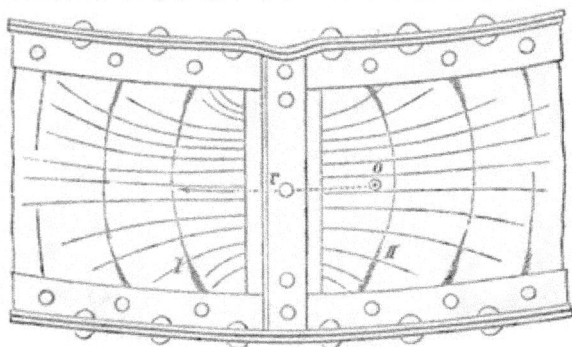

Fig. 27.

4. Schlag: Träger fast vollkommen gerade; Steg in Nähe des mittleren Ständers ganz schwach ausgebaucht. Spannungskurven schön ausgeprägt. Voreilen des untern Gurts ca. 0,55 cm.

Am Obergurt 1 Nietkopf der Vertikalnieten abgesprengt.

Am Untergurt einer der mittleren Horizontalnieten abgeschert; ebenso der letzte Niet; vergl. Fig. 28.

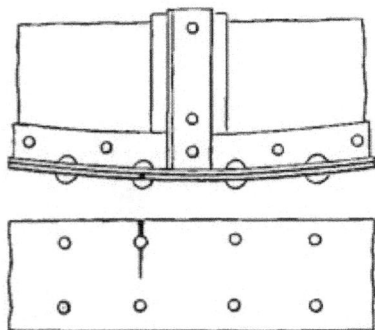

Fig. 29.

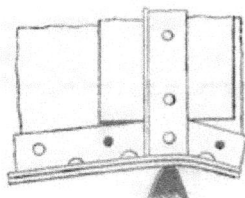

Fig. 28.

5. Schlag: Träger fast vollkommen gerade; Steg schwach ausge-baucht; Spannungslinien deutlich ausgeprägt.

Am Obergurt 1 weiterer Nietkopf der Vertikalnieten abgesprengt.

Am Untergurt, in Nähe der Mitte 3 horizontale Nieten abgeschert, überdies 3 Nietköpfe abgesprengt.

Träger ist vollkommen rissfrei.

6. Schlag: Träger wird windschief; Steg ziemlich stark ausge-baucht, Ständer gelockert und schief gestellt.

Am Obergurt: 7 Stück Nietköpfe abgesprengt.

Am Untergurt: 3 Nieten abgeschert. Die Gurtlamelle an einem Niet-loch anrissig; vergl. Fig. 25.

m. **Die chemische Analyse** (nach Prof. Dr. Treadwell).

Die chemisch-analytischen Arbeiten beziehen sich auf Stichproben, die wir bei Beginn und am Schlusse unserer Arbeit im analytisch-technischen Laboratorium des schweiz. Polytechnikums haben ausführen lassen. Analysirt worden sind somit blos Späne
von Rundeisen,

    „ Zorès-Eisen,

    „ Materialien der Blechbalken.

Bestimmt wurde Fall für Fall der Gehalt an Kohlenstoff, Silicium, Phosphor, Schwefel und Mangan. Die hierbei benutzten Methoden sind nachstehend beschrieben.

Der Kohlenstoff wurde durch Zersetzen der mit Aether gewaschenen Bohrspäne mit Kupferchlorid-Chlorammonium bestimmt. Der ausgeschiedene Kohlenstoff wurde sodann nach der durch Fresenius modificirten Ullgren'schen Methode mit Chromsäure verbrannt, das gebildete Kohlendioxyd in Kalibimstein aufgefangen, gewogen und daraus der Kohlenstoff berechnet.

Bestimmung des Siliciums und des Phosphors. Eine gewogene Menge Bohrspäne wurde in Salpetersäure (spez. Gewicht 1,20) gelöst, die Lösung in einer Porzellanschale zum Trocknen verdampft und schliesslich über freier Flamme bis zur vollständigen Zerstörung der Nitrate geglüht. Der trockene Rückstand wurde hierauf mit concentrirter Salzsäure behandelt und abermals zur Trockne verdampft, sodann mit Salzsäure befeuchtet und mit heissem Wasser aufgenommen und filtrirt, geglüht, mit Soda aufgeschlossen und aus der Schmelze die Kieselsäure wie gewöhnlich bestimmt. Die beiden Filtrate dienten zur Phosphorbestimmung. Sie wurden vereinigt, wiederholt mit Salpetersäure zur Trockne verdampft und aus der 20—50 cm^3 einnehmenden salpetersauren Lösung die Phosphorsäure nach der Molybdrat' Methode bestimmt.

In einer besondern Probe wurde der Schwefel und das Mangan bestimmt. Der Schwefel wurde nach Landolt's Methode ermittelt. Eine gewogene Portion Bohrspäne wurde in Salzsäure gelöst und die sich entwickelnden Gase in Bromsalzsäure aufgefangen. Der in Schwefelsäure verwandelte Schwefel wurde sodann mit Chlorbarium gefällt und das Bariumsulfat gewogen.

Der beim Lösen des Eisens zurückgebliebene Rückstand wurde filtrirt, getrocknet, mit Soda und Salpeter geschmolzen, mit Salzsäure behandelt und die möglicher Weise noch vorhandenen Spuren von Schwefelsäure mit Chlorbarium gefällt, gewogen und zur obigen Bariumsulfat-Menge addirt. Aus dem gesammten Bariumsulfat wurde schliesslich der Schwefel berechnet.

Die salzsaure Lösung diente zur Bestimmung des Mangans nach Pattinson's Methode. Zu diesem Ende wurde die Lösung, welche circa 1,0 gr. Eisen enthielt, mit Salpetersäure oxidirt, mit Caliumcarbonat fast neutralisirt; die Lösung, welcher 4 gr Caliumcarbonat, 30 cm^3 Chlorkalklösung (15 Gr. in 1 Liter), dann nochmals 4 gr Caliumcarbonat beigefügt wurde, ist mit siedendem Wasser auf ca. 500 cm^3 verdünnt worden. Der Niederschlag, welcher das gesammte Mangan als Manganbioxyd enthält, wurde filtrirt und mit Ferrosulfatlösung titrirt. Aus der verbrauchten Menge der Ferrosulfatlösung wurde das Mangan berechnet.

Resultate

der

Prüfung der Elasticitäts- und Festigkeitsverhältnisse

der Erzeugnisse der

Eisenwerke der HH. De Wendel & Comp. in Hayange.

I. Rundeisen.

Wir lassen die Resultate der Prüfung der Festigkeits-verhältnisse der Rundeisen von Hayange in folgender Reihe auf-einander folgen:

1. Chemische Zusammensetzung;
2. Zusammenstellung der Resultate der Zerreissproben;
3. Resultate der Kaltbruchproben;
4. „ „ Rothbruchproben;
5. „ „ Stauchproben;
6. „ „ Kaltschmiedeproben;
7. „ „ Warmschmiedeproben;
8. Vergleichende Zusammenstellung der Resultate der Druckversuche.

Die an Rundeisen ausgeführten Knickversuche sind besserer Uebersicht willen der Zusammenstellung der Ergebnisse der Knick-proben, ausgeführt an Formeisen, einverleibt worden.

---

1. Chemische Zusammensetzung der Rundeisen.

Späne entnommen den $3{,}0$ cm starken Rundstäben in Fluss-und Schweisseisen ergaben

an	C	P	S	Si	Mn
beim Flusseisen	$0{,}059\,^0/_0$	$0{,}047\,^0/_0$	$0{,}047\,^0/_0$	$0{,}004\,^0/_0$	$0{,}515\,^0/_0$
b. Schweisseisen	$0{,}014$ „	$0{,}451$ „	$0{,}048$ „	$0{,}146$ „	$0{,}055$ „

2. Zusammenstellung der

Mit Ausnahme der Werthe von ε und γ sind

Laufende No.	Material	Ursprüngl. Bundeisenstärke cm	Elasticitätsmodul		Elasticitätsgrenze		Streckgrenze	
			ε t pro cm²	ε t pro cm²	γ t pro cm²	γ t pro cm²	σ t pro cm²	σ t pro cm²
1	Flusseisen	1,0	2177		2,19		3,47	
2	Schweisseisen	„		2072		1,69		2,03
3	Flusseisen	1,5	2117		2,12		3,49	
4	Schweisseisen	„		1956		1,46		2,91
5	Flusseisen	2,0	2121		2,12		3,31	
6	Schweisseisen	„		1922		1,75		2,81
7	Flusseisen	2,5	2202		2,01		3,10	
8	Schweisseisen	„		1970		1,83		2,50
9	Flusseisen	3,0	2159		1,94		2,70	
10	Schweisseisen	„		1987		1,53		2,44
11	Flusseisen	3,5	2148		1,94		2,49	
12	Schweisseisen	„		1930		1,53		2,01
13	Flusseisen	4,0	2151		1,94		2,59	
14	Schweisseisen	„		2019		1,53		2,54
15	Flusseisen	4,5	2092		1,73		2,37	
16	Schweisseisen	„		2037		1,32		1,85
17	Flusseisen	5,0	2133		1,83		2,41	
18	Schweisseisen	„		1993		1,32		1,77
Mittel für Flusseisen		—	2144		1,98		2,88	
Mittel für Schweisseisen		--	—	1987		1,49		2,42

*) Von Nr. 3, Flusseisen, 1,5 cm, wurde ausnahmsweise blos 1 Zerreissprobe geliefert.

Resultate der Zerreissproben.

sämmtliche Zahlen Mittelwerthe aus je 2 Versuchen*).

Zugfestigkeit		Dehnungen				Contraction		Qual.-Coefficient nach Tetmajer	
β	β	pro 10 cm		pro 20 cm		φ	φ	c	c
		λ_1	λ_1	λ_2	λ_2				
t pro cm^2	t pro cm^2	%	%	%	%	%	%	$cm\ t$	$cm\ t$
4,69		22,1		17,3		72,0		0,71	
	3,90		16,7		15,4		40,7		0,60
4,50		28,7		unsicher		68,8		unsicher	
	4,14		18,6		17,7		32,5		0,73
4,47		25,0		16,6		60,2		0,75	
	3,89		20,8		unsicher		25,3		unsicher
4,28		31,0		22,6		65,4		0,95	
	3,67		14,3		13,6		22,0		0,50
4,07		33,2		23,9		63,5		0,96	
	3,79		24,6		20,2		27,7		0,77
4,40		36,9		27,2		59,5		1,20	
	3,60		27,7		21,1		35,5		0,75
4,17		39,8		31,4		64,0		1,31	
	3,91		24,5		22,1		26,0		0,87
4,30		39,2		30,5		61,8		1,29	
	3,53		25,2		23,1		26,4		0,61
4,27		37,7		29,4		59,0		1,26	
	3,57		18,7		16,6		22,2		0,59
4,34		**32,6**		**24,9**		**63,3**		**1,06**	
	3,78		21,2		18,6		28,7		0,70

3. Resultate der Kaltbruchproben,

vergl. die Abbildungen auf Taf. III.

Laufende Nr.	Material	Ursprüngl. Stärke des Bundeleisens cm	Bemerkungen
1	Flusseisen	1,0	Vollk. zusammengelegt; Probe an der Biegungsstelle [anrissig.
2	Schweisseisen	„	Vollk. zusammengelegt; Probe an der Biegungsstelle [querrissig.
3	Flusseisen	1,5	Zur Schleife gebogen ohne Bruch.
4	Schweisseissen	„	Zur Schleife gebogen; Stab a. d. Biegungsstelle quer- [rissig.
5	Flusseisen	2,0	Zur Schleife gebogen ohne Bruch.
6	Schweisseisen	„	Zur Schleife gebogen; Stab wird lokel stark querrissig.
7 ·	Flusseisen	2,5	Um 180° gebogen ohne Bruch.
8	Schweisseisen	„	Um 180° gebogen; Stab wird querrissig.
9	Flusseisen	3,0	Um 180° gebogen ohne Bruch.
10	Schweisseisen	„	Um 180° gebogen; Stab längs einer Schweissnaht [querrissig.
11	Flusseisen	3,5	Um 180° gebogen; Bruch an einem der Schenkel.
12	Schweisseisen	„	Bei 100° durchgreifender Querbruch.
13	Flusseisen	4,0	Um 180° gebogen; sodann tritt durchgreif. Querbruch [ein.
14	Schweisseisen	„	Um 180° gebogen; Schweissnaht offen; Stab schwach [querrissig.
15	Flusseisen	4,5	Um 180° gebogen ohne Bruch.
16	Schweisseisen	„	Um 180° gebogen; Stab stark querrissig.
17	Flusseisen	5,0	Um 180° gebogen ohne Bruch.
18	Schweisseisen	„	Bei 110° wird die gespannte Faser querrissig.

4. Resultate der Rothbruchproben,

vergl. die Abbildungen auf Taf. IV.

Laufende Nr.	Material	Ursprüngl. Stärke des Bundeisens *cm*	Bemerkungen
1	Flusseisen	1,0	Vollkommen gefaltet ohne Bruch.
2	Schweisseisen	„	„ „ „ „
3	Flusseisen	1,5	Vollkommen gefaltet ohne Bruch.
4	Schweisseisen	„	„ „ „ „
5	Flusseisen	2,0	Vollkommen gefaltet ohne Bruch.
6	Schweisseisen	„	„ „ „ „
7	Flusseisen	2,5	Vollkommen gefaltet ohne Bruch.
8	Schweisseisen	„	„ „ „ „
9	Flusseisen	3,0	Vollkommen gefaltet ohne Bruch.
10	Schweisseisen	„	„ „ „ „
11	Flusseisen	3,5	Vollkommen gefaltet ohne Bruch.
12	Schweisseisen	„	„ „ „ „
13	Flusseisen	4,0	Vollkommen gefaltet ohne Bruch.
14	Schweisseisen	„	„ „ „ „
15	Flusseisen	4,5	Vollkommen gefaltet ohne Bruch.
16	Schweisseisen	„	„ „ „ „
17	Flusseisen	5,0	Vollkommen gefaltet ohne Bruch.
18	Schweisseisen	„	„ „ „ „

5. Resultate der Stauchproben,
vergl. die Abbildungen auf Taf. V.

Lauf. No.	Material	Ursprünglich.		Höhe der gestaucht. Probe		Abminderung der ursprünglichen Höhe		Bemerkungen
		Durchmesser *cm*	Höhe *cm*	beim 1. Riss *cm*	schliesslich *cm*	beim 1. Riss in %	schliesslich in %	
1	Flusseisen	1,0	2,0	—	0,48	—	76	
2	Schweisseisen	1,0	2,0	c 1,00	0,89	c. 50	55	
3	Flusseisen	1,5	3,0	—	0,74	—	75	
4	Schweisseisen	1,5	3,0	c 2,00	1,61	c. 33	46	Von Hand gestaucht.
5	Flusseisen	2,0	4,0	—	0,87	—	78	
6	Schweisseisen	2,0	4,0	c 3,00	1,32	c. 25	67	
7	Flusseisen	2,5	5,0	--	1,22	—	76	
8	Schweisseisen	2,5	5,0	c 3,50	1,44	c. 30	71	
9	Flusseisen	3,0	6,0	—	1,63	—	73	
10	Schweisseisen	3,0	6,0	c 4,00	1,92	c. 33	68	
11	Flusseisen	3,5	7,0	—	1,90	—	73	
12	Schweisseisen	3,5	7,0	c 5,00	2,38	c. 29	66	Unter einem leichten Federhammer gestaucht.
13	Flusseisen	4,0	8,0	—	2,50	—	69	
14	Schweisseisen	4,0	8,0	c 6,00	2,78	c. 25	65	
15	Flusseisen	4,5	9,0	—	2,60	—	71	
16	Schweisseisen	4,5	9,0	c 7,00	3,33	c. 22	63	
17	Flusseisen	5,0	10,0	—	3,90	—	61	
18	Schweisseisen	5,0	10,0	c 7,50	4,85	c. 25	52	
	Massgebender Durchschnitt für Flusseisen:					—	72 %	
	Schweisseisen:					c. 31 %	—	

6. Resultate der Kaltschmiedeproben,

vergl. die Abbildungen auf Taf. VI.

Laufende No.	Material	Ursprüng. Stärke des Rundeisens in cm	Massgebende Länge der Probe in cm		Streckung in % der ursprüngl. Länge	Bemerkungen
			ursprüngl.	gestreckt		
1	Flusseisen	1,0	6,0	—	—	} nicht geprüft.
2	Schweisseisen	1,0	6,0	—	—	
3	Flusseisen	1,5	6,0	8,5	41,0	Stab wird kern- u. querbrüchig.
4	Schweisseisen	1,5	6,0	6,0	0,0	„ „ besenbrüchig.
5	Flusseisen	2,0	6,0	8,5	41,0	Stab wird kernbrüchig.
6	Schweisseisen	2,0	6,0	6,0	0,0	„ „ besenbrüchig.
7	Flusseisen	2,5	6,0	7,5	25,0	[schlägen. Stab zerfällt n. einigen Hammer-
8	Schweisseisen	2,5	6,0	6,0	0,0	„ wird besenbrüchig; zerfällt.
9	Flusseisen	3,0	6,0	6,5	10,0	Stab gänzlich zerfallen.
10	Schweisseisen	3,0	6,0	6,0	0,0	„ wird besenbrüchig; zerfällt.
11	Flusseisen	3,5	6,0	6,0	0,0	Stab wird kernbrüchig.
12	Schweisseisen	3,5	6,0	6,0	0,0	„ „ besenbrüchig; zerfällt.
13	Flusseisen	4,0	6,0	6,0	0,0	[n. einigen Hammerschlägen. Stab wird kernbrüchig u. zerfällt
14	Schweisseisen	4,0	6,0	6,0	0,0	„ wird kernbrüchig.
15	Flusseisen	4,5	6,0	6,0	0,0	[fläche ziemlich intakt. Stab wird kernbrüchig; Ober-
16	Schweisseisen	4,5	6,0	6,0	0,0	„ wird besenbrüchig.
17	Flusseisen	5,0	6,0	6,0	0,0	Stab wird kernbrüchig.
18	Schweisseisen	5,0	6,0	6,0	0,0	„ „ „

7. Resultate der Warmschmiedeproben,

vergl. die Abbildungen auf Taf. VII.

Laufende No.	Material	Ursprüngl. Stärke des Bundeisens in cm	Massgebende Länge der Probe in cm		Streckung in % der ursprüngl. Länge	Bemerkungen
			ursprüngl.	gestreckt		
1	Flusseisen	1,0	5,0	10,5	110,0	Stab vollkommen intakt.
2	Schweisseisen	1,0	5,0	6,0	20,0	„ gespalten.
3	Flusseisen	1,5	5,0	26,0	420,0	Stab vollkommen intakt.
4	Schweisseisen	1,5	5,0	6,0	30,0	„ gibt ausgespr. Besenbruch.
5	Flusseisen	2,0	5,0	32,0	540,0	Stab vollkommen intakt.
6	Schweisseisen	2,0	5,0	8,5	70,0	„ gibt ausgespr. Besenbruch.
7	Flusseisen	2,5	5,0	61,5	1130,0	Stab vollkommen intakt.
8	Schweisseisen	2,5	5,0	8,0	60,0	„ gibt ausgespr. Besenbruch.
9	Flusseisen	3,0	5,0	35,0	600,0	Stab vollkommen intakt.
10	Schweisseisen	3,0	5,0	9,0	80,0	„ gibt ausgespr. Besenbruch.
11	Flusseisen	3,5	5,0	34,0	580,0	Stab vollkommen intakt.
12	Schweisseisen	3,5	5,0	6,5	30,0	„ gespalten.
13	Flusseisen	4,0	5,0	41,0	720,0	Stab vollkommen intakt.
14	Schweisseisen	4,0	5,0	11,5	130,0	„ gespalt.; Beginn d. Besen- [bruchs.
15	Flusseisen	4,5	5,0	38,0	660,0	Stab vollkommen intakt.
16	Schweisseisen	4,5	5,0	13,5	170,0	„ gespalten.
17	Flusseisen	5,0	5,0	40,0	700,0	Stab vollkommen intakt.
18	Schweisseisen	5,0	5,0	14,0	180,0	„ gespalten.